双曲平面上の幾何学

土橋 宏康 著

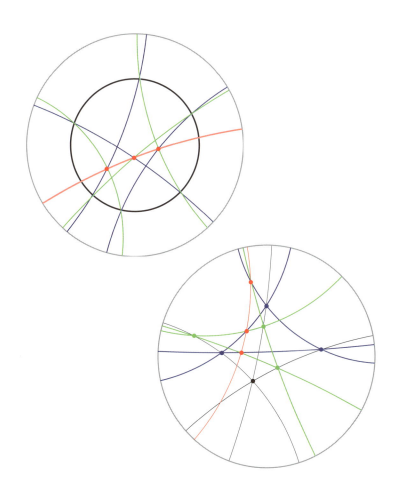

内田老鶴圃

本書の全部あるいは一部を断わりなく転載または
複写(コピー)することは，著作権および出版権の
侵害となる場合がありますのでご注意下さい.

序　文

　デザルグの定理やパスカルの定理は双曲平面上でも成り立つだろうかと考え
たことがきっかけとなって本書は生まれた．すでにあるだろうと思われた双曲
平面上のパスカルの定理について書かれた文献が，著者が探した範囲では見つ
からなかったことが，著者の専門 (複素代数幾何学) とは少し離れた分野のこと
について書いた理由の一つである．もう一つの理由は双曲平面上では点と直線
を同列に扱うことにより，上記の定理がすっきりと記述できるだけでなく，新
しい見方ができることがわかったことである．点と直線を同列に扱うべきであ
るということは

　　　　　　　　http://www014.upp.so-net.ne.jp/GeomMus/

の下の

　　　hbgeo.html, ortconhbp.html, Desargues.html, aThonhbp.html

の上にあるものをマウスを使って動かして，点が直線に連続的に移り変わる様
子を見てもらえば，実感できると思う．

　本書は高等学校までの数学と線形代数学の知識があれば読めるが，高校生で
も意欲があれば，線形代数学を自習しながら読むこともできると思われる．あ
るいは，大学一年で線形代数学を学びながら，その応用例を学ぶための副読本
とすることもできるのではないかと思う．なお，ユークリッド原論，非ユーク
リッド幾何学，デザルグの定理，パスカルの定理，双対命題等に初めて接する
読者のために，第 1 章にこれらについて簡単にまとめておいたが，既知の読者
はとばして読めばよいだろう．

　本書に書いたことの多くは，2009 年 4 月から 2011 年 3 月まで筆者の学生
であった熊谷朋子さん，佐藤大君，二瓶泰裕君，星奈緒子さんと，難波誠氏の
「平面図形の幾何学」を読んでいたときに浮かんだ着想が基になっている．彼ら
には本書の草稿の一部を読んでもらい，書き直しの参考にした．臼井三平氏は
本書の原稿を大阪大学での演習の題材に採用して下さった．足利正氏と今野一

ii 序　　文

宏氏は本書の出版を薦めて下さり，内田老鶴圃の内田社長に紹介して下さった．
また，難波誠氏と上記三名の方は本書の原稿に目を通して有益なコメントを下
さった．ここに記して，感謝する．

2017 年 2 月

著者

目　　次

序　文 ……………………………………………………………… i

はじめに ……………………………………………………………… 1

1　ユークリッド幾何学と非ユークリッド幾何学 ………………… 7

1.1　ユークリッド原論の第五公準 ………………………………… 7

1.2　非ユークリッド幾何学の誕生 ………………………………… 9

1.3　ユークリッド幾何学のいくつかの定理 …………………… 10

1.4　双対原理 ……………………………………………………… 13

2　双曲平面上の点，直線，円 ……………………………………… 17

2.1　P 点と P 直線 ………………………………………………… 17

2.2　垂心 …………………………………………………………… 23

2.3　デザルグの定理 ……………………………………………… 28

2.4　円に関する平面の反転と双曲平面上の距離 …………… 31

2.5　外心，内心，傍心，重心 …………………………………… 36

2.6　P 直線による鏡映と P 点による対称変換 ……………… 43

2.7　P 点と P 直線の距離 ………………………………………… 48

2.8　P 円と等距離曲線 …………………………………………… 49

3　双曲平面上の二次曲線 …………………………………………… 55

3.1　二次 P 曲線とパスカルの定理 …………………………… 55

3.2　二次 P 曲線の接線とブリアンションの定理 …………… 67

3.3　ポンスレーの閉形定理 ……………………………………… 70

iv 目　　次

4　双曲平面の多角形による敷き詰め ················· 73

5　三次元以上の双曲空間 ······················· 87

　5.1　P 点と P 超平面 ·························· 87

　5.2　デザルグの定理 ·························· 90

　5.3　外心，内心，傍心，重心 ····················· 92

　5.4　二次 P 超曲面 ·························· 95

　5.5　等面四面体 ···························· 95

　5.6　直辺四面体 ···························· 99

6　問題の解答とヒント ························· 101

参考文献 ······························· 113
索　引 ······························· 115

はじめに

　この本で紹介したいのは双曲平面という不思議な世界の上で展開する幾何学である．日本の高等学校までに習う幾何学では三角形の内角の和は 180° であると学ぶが，この双曲平面という世界では 180° より小さく，三角形の面積が大きくなるほど 0° に近づく．この世界の全体像はポアンカレ円盤と呼ばれる鏡を通して見ることができる．この円盤は普通の平面の円の内部である．双曲平面の直線はこの鏡を通すと鏡の境界である円の直径，またはその円に直交する円の円盤に含まれる部分のように見える (図 0.1 参照)．

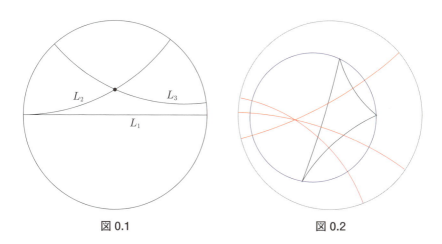

図 0.1　　　　　　　　　図 0.2

　また，図 0.1 から，直線とその上にない点があるとき，その点を通って直線と交わらない直線がたくさんあることがわかる．一方，円は円に見えるが，その中心は我々から中心に見える点とはずれる．図 0.2 では，青い円は黒い三角形の外接円である．また，赤い直線は黒い三角形の三辺の垂直二等分線であり，その交点が青い円の中心である．図 0.3 では双曲平面が五角形で敷き詰められ

2　はじめに

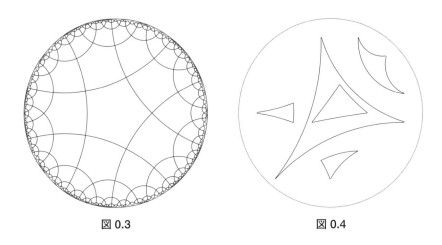

図 0.3　　　　　　　　　　　図 0.4

ているが，これらの五角形はすべて同じ形，大きさである．このように，円盤の境界に近づくと同じ大きさのものでもより小さく見えてしまう．図 0.4 からは，三角形の内角の和が 180° より小さく，面積が大きくなるほど 0° に近づく様子がわかる．

　ここまで読まれたところで，高等学校までの数学だけを学んだ方の多くは話としては面白いが数学としては正しくないと思われたかもしれない．実は，高等学校までに学ぶのはユークリッド幾何学と呼ばれるものであり，それに対し，上記の話は非ユークリッド幾何学と呼ばれるものであって，現在では両者が同等に正しいことがわかっている．そこにいたる歴史的な経緯を 1.2 節にごく簡単に書いたが，もう少し詳しく知りたければ，[8] の第 4 章を，さらに詳しく知りたければ [4] を読むとよい．

　この本に書いたことを考え始めたきっかけの一つは，双曲平面上でも次のパスカルの定理が成り立つだろうかと考えたことである．

　　　　　「円に内接する六角形の対辺の交点は一直線上にある．」

双曲平面では，二直線が交わらないとき，その両方に直交する直線が唯一つ決まる．これにより，三組の対辺のそれぞれに対して点または直線が決まる．それらの点および直線は特別な位置関係にあるはずである．次のように考えるのは自然であり，実際，作図して確かめるとそうなっている．これらが三点なら

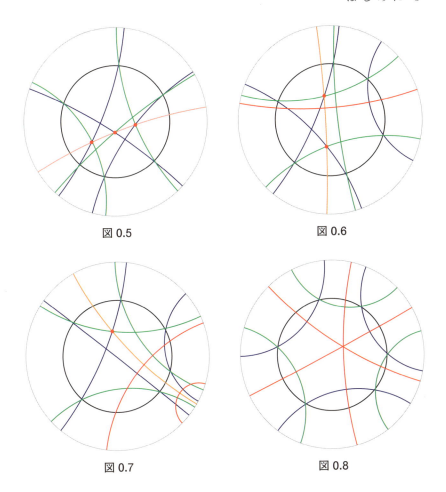

図 0.5　　　　　　　　　　　図 0.6

図 0.7　　　　　　　　　　　図 0.8

ば，一直線上にある (図 **0.5**)．二点と一本の直線ならば，二点を通る直線と一本の直線が直交する (図 **0.6**)．一点と二直線ならば，二直線の両方に直交する直線が一点を通る (図 **0.7**)．三直線の場合，それらは一点で交わるか，それらのいずれとも直交する直線がある (図 **0.8**)．

　しかし，点と直線を区別し，言葉で記述すると上記のように煩雑になってしまう．そこで点と直線を「対象」と呼ぶことにしてしまい，二つの対象 a と b から決まる対象 (二点に対してはそれらを通る直線，二直線に対してはそれら

の交点または両方に直交する直線,点と直線に対しては点から直線に下ろした垂線) を ab で表すことにし,三つの対象が上記のような位置関係にあることを「従属している」ということにすれば,パスカルの定理は次のように表現できる:

「a, b, c, d, e, f が同一円上の相異なる対象ならば,$(ab)(de)$, $(bc)(ef)$, $(cd)(fa)$ は従属している.」

なお,相異なる対象 a, b, c が従属しているということは $ab = bc = ca$ であることと同値である.また,デザルグの定理 (**図 0.9**)

「二つの三角形 ABC と $A'B'C'$ において AA', BB', CC' が一点で交われば,BC と $B'C'$ の交点,CA と $C'A'$ の交点,AB と $A'B'$ の交点は一直線上にある.」

も双曲平面上では,次のように表現できる:

「相異なる六つの対象 a, b, c, a', b', c' において aa', bb', cc' が従属していれば,$(bc)(b'c')$, $(ca)(c'a')$, $(ab)(a'b')$ も従属している.」

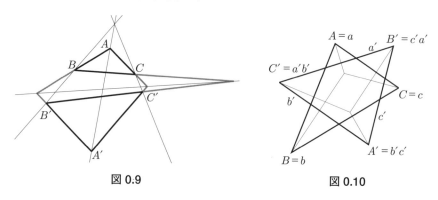

図 0.9   図 0.10

ここで,六つの対象がすべて点のときはデザルグの定理にあたり,すべて直線のときは双対命題[*1]にあたる.さらには,a, b, c が点であり,a', b', c' が直線でどの二つも交わる場合は普通の平面上での次の定理[*2] (**図 0.10**) にあたる:

[*1] 点と直線を入れ替えてできる命題である.デザルグの定理の場合には逆 (仮定と結論を入れ替えた命題) とも等しい.

[*2] 誰々の定理というのではなく,単に一つの定理としてある本に書いてあったと記憶している.

「二つの三角形 ABC と $A'B'C'$ において A, B, C からそれぞれ $B'C', C'A',$ $A'B'$ へ下ろした垂線が一点で交われば, A', B', C' からそれぞれ $BC, CA,$ AB へ下ろした垂線も一点で交わる.」

ここでは, $a, b, c, b'c', c'a', a'b'$ をそれぞれ A, B, C, A', B', C' に置き換えている. したがって, $a'(= (c'a')(a'b'))$ は $B'C'$ になる. このように, 点と直線を同列に扱うという考え方により, 普通の平面上では異なるように見える定理が双曲平面上では一つの定理が姿を変えたものと見なせるのである. 双曲幾何学について書かれた本を調べてみたが, [10]に双曲面モデルにおいて点と直線を統一的に扱うという考え方が載っている他は上記のようなことが書いてあるものは見つからなかった. それならば, この本を書いてみる価値もあるだろうと考えたのである.

パスカルの定理は円を二次曲線に置き換えても成り立つことが知られている. 3.1 節に書いたように双曲平面上でも二次曲線が定義でき, その上でもパスカルの定理やブリアンションの定理が成り立つだけでなく, 他にも普通の平面上では考えられない定理が得られる. また, 普通の平面上の二次曲線は楕円, 放物線, 双曲線および二直線だけであるが, 双曲平面上ではこれら以外のものも現れる. 例えば, 二定直線からの距離の和または差が一定の点の軌跡は普通の平面上では直線となるが, 双曲平面上では普通の平面上の楕円や双曲線と異なる性質*3 をもつ二次曲線となる. これらのことからも, 普通の平面より, 双曲平面の方が豊饒な世界であるように筆者には感じられる.

---

*3　双曲線のように二つに分かれるが, 両方とも任意の点での接線の同じ側にある.

1 ユークリッド幾何学と非ユークリッド幾何学

1.1 ユークリッド原論の第五公準

バビロニアやエジプトにも計算法や測量術としての数学はあったが，最初に，点や直線という言葉を定義し，公理をたて，それから命題を次々と証明していくという体系的な数学はギリシャ文明から始まった．ユークリッドの「原論」[7]，第一巻は 23 の定義[*4] から始まる.

1. 点は部分のないものである.

2. 線は幅のない長さである.

3. 線の端は点である.

4. 直線とはその上にある点について一様に横たわる線である.

$\vdots$

15. 円とは一つの線に囲まれた図形で，その図形の内部にある 1 点からそれへ引かれたすべての線分が互いに等しいものである.

$\vdots$

23. 平行線とは同じ平面上にあって，両方向に限りなく延長しても，どちらでも交わらない直線である.

次に，五つの公準 (要請) が続く.

1. 任意の点より任意の点に直線を引くことができる.

2. 直線は延長できる.

3. 任意の中心および任意の半径を持つ円を描くことができる.

4. 直角はすべて等しい.

[*4] この点や直線の定義を見て，これで定義になっているのか，現代の数学ではどう定義しているのかと思った読者には[11]の 6 を読むことを薦める.

8   1   ユークリッド幾何学と非ユークリッド幾何学

5. 一つの直線が二つの直線と交わり，その片側にある二つの内角，合わせて二直角よりも小なるとき，その二つの直線を限りなく延長すれば，その合わせて二直角より小なる角のある側において交わる.

その次は九つの公理 (共通概念) である.

1. 同じものに等しいものは互いに等しい.

2. 等しいものに，等しいものを加えたものどうしは等しい.

$\vdots$

この後，48 の命題が続く.

1. 与えられた有限の直線 (線分) の上に等辺三角形 (正三角形) を作ることができる.

2. 与えられた点において与えられた線分に等しい線分を作ることができる.

$\vdots$

16. すべての三角形において，一つの角の外角は他の二つの内角より大きい.

$\vdots$

27. 一つの直線が二直線と交わってなす錯角が等しければ，この二直線は平行である.

$\vdots$

ユークリッドの原論では第五公準をなるべく使わないですまそうとしているようである. 実際，28 番目の命題までは第一から第四までの公準しか使っていない. 例えば，命題 16 と 27 は次のように証明している.

16 の証明   三角形 ABC の辺 BC を延長して CD としたとき，外角 $\angle ACD$ が $\angle A$ より大きいことを示す. AC の中点を E とし，BE の E 側の延長上に点 F を $BE = EF$ となるようにとれば，三角形 ABE と三角形 CFE は合同であるから，$\angle A = \angle ACF$ である. F は外角 $\angle ACD$ 内の点であるから，$\angle ACF < \angle ACD$ である.

27 の証明   直線 l と直線 m, m' がそれぞれ A, A' で交わっていて，A, A' での錯角が等しいとする. m, m' が点 B で交わっていると仮定すると三角形

$AA'B$ において一つの外角と内角が等しいことになり，16 に矛盾する．

第五公準は次の二つの命題のいずれとも同等である．したがって，第五公準を，二つのいずれかで置き換えてもよい．

「直線 l と l 上にない点 P が与えられたとき，P を通って l に平行な直線はただ一本しか引けない．」

「三角形の内角の和は二直角に等しい．」

1.2　非ユークリッド幾何学の誕生

第一から第四までの公準に比較して，第五公準は明らかとは思えないので，これを他の公準から証明しようとする努力が紀元前一世紀頃から十八世紀頃までに多くの人々によってなされたが，成功しなかった．ロバチェフスキー (Lobachevskiǐ, N.I.) (1792–1856) とボヤイ (Bolyai, J.) (1802–1860) は第五公準を次のものに置き換えても別の新しい幾何学ができることを発見した[*5]．

5′.「直線 l と l 上にない点 P が与えられたとき，P を通って l に平行な直線は二本以上引ける．」

現在では，第五公準の成り立つ幾何学はユークリッド幾何学，上の 5′ の成り立つ幾何学は非ユークリッド幾何学または双曲幾何学と呼ばれている．また，彼らは上の 5′ から次の命題が導かれることも示した．

「三角形の内角の和は二直角よりも小さい．」

「三角形の面積は二直角と内角の和との差に比例する．」

さらに，彼らはユークリッド幾何学の場合と同様の三角法の公式を証明し，解析学に矛盾がなければ，非ユークリッド幾何学にも矛盾がないことを示した．しかし，彼らの双曲幾何学はすぐには受け入れられなかった．その後，ベルトラミ (Beltrami, E.) (1835–1900)，クライン (Klein, F.C.) (1849–1925)，ポアン

[*5]　ガウスも同じ発見をしていたが，「ユークリッド幾何学の正当性は経験を必要としない，すなわち先験的なものである」とするカント哲学を信奉する人々との論争を恐れ，発表しなかったという．

カレ (Poincaré, J.H.) (1854–1912) がユークリッド平面上に非ユークリッド幾何学のモデルを作ることにより，ユークリッド幾何学が正しければ，非ユークリッド幾何学もまた正しいことを示してから，人々に理解されるようになった．第 2 章で登場する Δ はポアンカレの円盤モデルと呼ばれているものである．

1.3 ユークリッド幾何学のいくつかの定理

本書の目的の一つは，ユークリッド幾何学の定理が非ユークリッド幾何学ではどのような形で成り立つかまたは成り立たないかを明らかにすることである．そこで，この節では第 2 章以降で取り上げる平面幾何学の定理の中で日本の高等学校のほとんどの教科書には載っていないものを紹介する．証明については，[3] または [5] を参照されたい．平面幾何学の定理は驚くほどたくさんあるが，点と直線だけが登場し，それらの間の関係が '直線が点を通る'，'点が直線上にある' だけの定理は意外に少ない．筆者の知っているのは次の二つと後者の双対命題 (次節で説明) だけである．

デザルグの定理 二つの三角形 ABC と $A'B'C'$ において AA', BB', CC' が一点で交われば，BC と $B'C'$ の交点，CA と $C'A'$ の交点，AB と $A'B'$ の交点は一直線上にある (図 **1.1**).

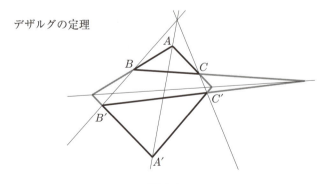

図 1.1

1.3 ユークリッド幾何学のいくつかの定理

パップスの定理 相異なる三点 A, C, E が直線 l 上にあり，また相異なる三点 B, D, F が l とは異なる直線 m 上にあれば，AB と DE の交点，BC と EF の交点，CD と FA の交点は一直線上にある (**図 1.2**)．

上の二つの定理で，交点とあるところで交わらない，すなわち二直線が平行なときは次のようになる．三組の二直線のうち一組だけが平行のときは，その平行な二直線と残り二組の交点を通る直線は平行になる．また，二組が平行ならば，残りの一組も平行になる．このように記述すると煩雑になってしまうので，以下の定理でも交点というときに平行になる場合についての記述は省略する．また，三直線が「一点で交わるか互いに平行である」と書くべきところも「一点で交わる」とだけ書くことにする．

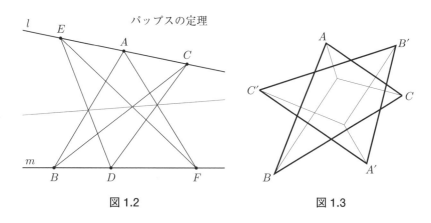

図 1.2　　　　　　　　図 1.3

次の二つの定理は直線間の関係として '直交する' だけが加わったものである．
「二つの三角形 ABC と $A'B'C'$ において A, B, C からそれぞれ $B'C', C'A', A'B'$ へ下ろした垂線が一点で交われば，A', B', C' からそれぞれ BC, CA, AB へ下ろした垂線も一点で交わる (**図 1.3**)．」
「三角形 ABC と直線 l があるとき，A, B, C から l へ下ろした垂線の足からそれぞれ，BC, CA, AB へ引いた垂線は一点で交わる (**図 1.4**)．」

問題 1.1 方程式を使って，上の二つの命題を証明せよ．

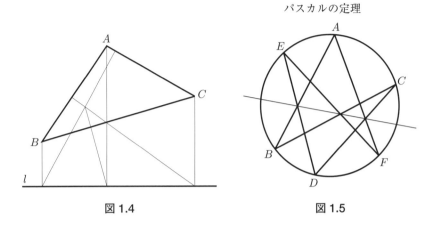

図 1.4　　　　　　　図 1.5

次に，点と直線の他に円の登場する定理を紹介する．次の定理は哲学者，科学者，数学者として有名なパスカルが16歳のときに発見したと伝えられている．

パスカルの定理　円に内接する六角形の対辺の交点は一直線上にある．

ここでの六角形は**図 1.5**のように辺どうしが交わっていてもよい．したがって，次のように言い換えられる．

「A, B, C, D, E, F が同一円上の相異なる点ならば，AB と DE の交点，BC と EF の交点，CD と FA の交点は一直線上にある．」

円が登場する定理をもう二つ紹介する．

「三つの円が互いに交わっているとき，二円の二交点を通る三本の直線は一点で交わる (**図 1.6**)．」

問題 1.2　方べキの定理を使って，上の命題を証明せよ．

ポンスレーの閉形定理　円 C の内部にもう一つの円 D があるとき，C 上の点 P_1 から D へ引いた接線と C とのもう一つ交点を P_2 とし，P_2 から D へ引いた P_1P_2 とは異なる接線と C とのもう一つ交点を P_3 とし，という操作を繰り返して $P_n = P_1$ となったならば，P_1 を C 上のどこにとっても同じ結果となる (**図 1.7**)．

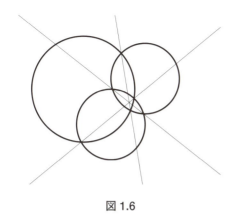
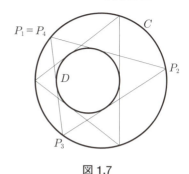

図 1.6　　　　　　　　　　図 1.7

1.4　双対原理

　平面幾何学の命題に対して以下のように言葉を入れ替えてできる命題を元の命題の双対命題という．

$$
\begin{array}{ccc}
点 & \leftrightarrow & 直線 \\
二点を通る直線 & \leftrightarrow & 二直線の交点 \\
一直線上にある & \leftrightarrow & 一点で交わる
\end{array}
$$

　例えば，前節のパップスの定理の双対命題は
「相異なる三直線 a, c, e が一点 L で交わり，また相異なる三直線 b, d, f が L とは異なる点 M で交われば，ab と de を通る直線，bc と ef を通る直線，cd と fa を通る直線は一点で交わる (**図 1.8**)．」
である．ここで ab は a と b の交点を表している．デザルグの定理の双対命題は
「二つの三辺形 abc と $a'b'c'$ において aa', bb', cc' が一直線上にあれば，bc と $b'c'$ を通る直線，ca と $c'a'$ を通る直線，ab と $a'b'$ を通る直線は一点で交わる．」
となるが，bc, ca, ab をそれぞれ A, B, C と置き換えれば，元の命題の逆，すなわち仮定と結論を入れ替えたものになっていることがわかる．

　パスカルの定理の双対命題を考えようとしたとき，「円上の六点」というところが問題となるが，特別な位置関係の六直線としては同一円の接線を考えるの

14   1 ユークリッド幾何学と非ユークリッド幾何学

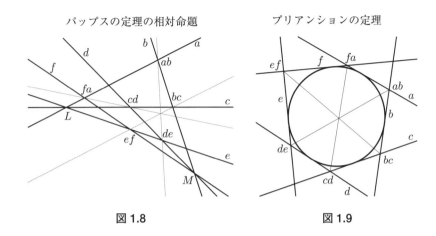

図 1.8   図 1.9

が自然であろう．そうしたとき，双対命題はブリアンションの定理と呼ばれている次のものになる (図 1.9)．

「a, b, c, d, e, f を同一円の相異なる接線とするとき，ab と de を通る直線，bc と ef を通る直線，cd と fa を通る直線は一点で交わる．」

これらの例のように，点と直線だけか，それらに加えて一つの円だけが登場し，それらの間の関係が「上にある」，「通る」だけの命題があり，それが正しければ，その双対命題も正しいことを保証するのがポンスレーの双対原理である．それを紹介するための準備として，極と極線という言葉の説明をする．

Γ を $x^2 + y^2 = 1$ で表される円とする．Γ の外にある点 A に対して，A から Γ に引いた二本の接線と Γ の接点を通る直線を A の Γ に関する**極線**といい，原点を通らず，Γ と二点で交わる直線 l に対して，l との交点における Γ の接線の交点を l の Γ に関する**極**という．簡単な計算でわかるように (x_0, y_0) の極線は $x_0 x + y_0 y = 1$ で表される直線である．そこで，(x_0, y_0) が Γ の外になくても原点と異なる点ならば，その点の Γ に関する極線を $x_0 x + y_0 y = 1$ で表される直線とし，逆に，$x_0 x + y_0 y = 1$ で表される直線が Γ と交わらなくてもその直線の Γ に関する極を (x_0, y_0) とする．A が Γ 上の点ならば，その極線は A での Γ の接線である．二点 $A = (x_a, y_a)$, $B = (x_b, y_b)$ の Γ に関する極線をそれぞれ a, b とする．点 A が直線 b ($x_b x + y_b y = 1$ で表される) 上の点であれば，

$$x_b x_a + y_b y_a = 1$$

が成り立つが，この式は点 B が直線 a 上の点であることも表している．したがって，次が成り立つ．

定理 1.1　二点 A, B の Γ に関する極線をそれぞれ a, b とするとき，A が b 上にあるための必要十分条件は a が B を通ることである．

定理 1.2　二点 A, B の Γ に関する極線をそれぞれ a, b とするとき，直線 AB の極は ab である．

$\boxed{\text{証明}}$　$c = AB$ とし，c の極を C とする．A, B は c 上の点であるから，定理 1.1 より，a, b は C を通る．すなわち，$ab = C$ である． ■

　上の定理からいくつかの点が一直線上にあれば，それらの極線は一点で交わり，何本かの直線が一点で交わればそれらの極は一直線上にあることがわかる．したがって，次のポンスレーの双対原理が成り立つ．

ポンスレーの双対原理　Γ といくつかの点と直線に関する，それらの間の関係が「通る」,「上にある」,「接する」だけの正しい命題があれば，点は Γ に関する極線に置き換え，直線は Γ に関する極に置き換えた命題もまた正しい．

2 双曲平面上の点，直線，円

2.1 P点とP直線

xy 平面上の $x^2 + y^2 = 1$ で定義される円を Γ とし，円の内部を Δ とする．双曲平面とはこの Δ 内の世界である．以下，混乱をさけるため，双曲平面上の点と直線をそれぞれ P 点と P 直線と呼ぶことにする．すなわち，P 点とは Δ 上の点であり，P 直線とは原点 $O : (0,0)$ を通る（したがって，Γ に直交する）直線，または Γ に直交する[*6] 円の Δ に含まれる部分である．二つの P 直線が Γ 上の点で接するとき，**極限平行**といい（図 0.1 の L_1 と L_2），交わらず，極限平行でもなければ，**平行**という（図 0.1 の L_1 と L_3）．ここで，P 直線を含む xy 平面上の直線および円の定義式を求めてみよう．原点を通る直線は少なくとも一方は 0 でない実数 a, b により，

$$ax + by = 0$$

で表される．次に，Θ を $C : (x_0, y_0)$ を中心とし，半径 r の円とする．Θ の定義式は

$$(x - x_0)^2 + (y - y_0)^2 = r^2$$

である．Θ と Γ が点 Q で交わり，この点でこの二つの円が直交している，すなわち，$\angle OQC$ が直角[*7] であれば，ピタゴラスの定理により，$x_0^2 + y_0^2 = r^2 + 1$ となる．したがって，Θ の定義式は

$$x^2 + y^2 + 1 - 2x_0 x - 2y_0 y = 0$$

となる．以上から，次の補題が成り立つことがわかる．

[*6]　二つの円が直交するとは交点における接線が直交することである．

[*7]　Q における Γ, Θ の接線はそれぞれ OQ, CQ に直交する直線である．

18　2　双曲平面上の点，直線，円

補題 2.1　P 直線を含む円は実数 a, b, c により，

$$ax + by + c(x^2 + y^2 + 1) = 0$$

と表される．$a^2 + b^2 - 4c^2 > 0, c \neq 0$ ならば，上の式で表される円の中心と半径はそれぞれ

$$\left(\frac{-a}{2c}, \frac{-b}{2c} \right), \quad \sqrt{\frac{a^2 + b^2 - 4c^2}{4c^2}}$$

である．

$a^2 + b^2 - 4c^2 = 0, c \neq 0$ のときは $ax + by + c(x^2 + y^2 + 1) = 0$ を満たす xy 平面上の点は Γ 上の一点 $\left(\frac{-a}{2c}, \frac{-b}{2c} \right)$ だけである．$a^2 + b^2 - 4c^2 < 0$ のときは $ax + by + c(x^2 + y^2 + 1) = 0$ を満たす xy 平面上の点は存在しない．$x, y,$ $x^2 + y^2 + 1$ の一次結合の集合を V とする．すなわち，

$$V = \{ax + by + c(x^2 + y^2 + 1) \mid a, b, c \in \mathbf{R}\}$$

とする．ここで $\mathbf{R}$ は実数全体からなる集合である．$x, y, x^2 + y^2 + 1$ の係数がすべて 0 の V の元を $\bar{0}$ で表すことにする，すなわち，

$$\bar{0} = 0x + 0y + 0(x^2 + y^2 + 1)$$

とする．

定義 (擬内積)　$l_i = a_i x + b_i y + c_i(x^2 + y^2 + 1) \in V$ $(i = 1, 2)$ に対して

$$l_1 \cdot l_2 = a_1 a_2 + b_1 b_2 - 4c_1 c_2, \qquad l_1^2 = l_1 \cdot l_1$$

とする．

V の $\bar{0}$ でない元 $l = ax + by + c(x^2 + y^2 + 1)$ に対し，$l^2 > 0$ ならば $l = 0$ は P 直線を表すが，$l^2 \leq 0$ のときは以下のように l に対して P 点または Γ 上の点を対応させることにする．$a^2 + b^2 > 0$ のときは

$$P_l = \frac{-2c \pm \sqrt{4c^2 - a^2 - b^2}}{a^2 + b^2}(a, b) \quad \left(\pm = \left\{ \begin{array}{ll} + & c > 0 \text{ のとき} \\ - & c < 0 \text{ のとき} \end{array} \right. \right)$$

とし, $a = b = 0$ のときは $P_l = (0, 0)$ とする. このとき, $l^2 = 0$ ならば, $P_l = (\frac{-a}{2c}, \frac{-b}{2c}) \in \Gamma$ であり, $l^2 < 0$ ならば, $P_l \in \Delta$ である[*8].

定義 $\bar{0}$ でない V の元 l に対して

$$[l] = \left\{ \begin{array}{ll} l = 0 \text{ で表される P 直線} & l^2 > 0 \text{ のとき} \\ P_l & l^2 \le 0 \text{ のとき} \end{array} \right.$$

とする.

定理 2.2 $l = ax + by + c(x^2 + y^2 + 1) \in V, l \ne \bar{0}, l^2 \le 0$ とする. $l \cdot m = 0$ となるすべての $m \in V$ に対して $m(P_l) = 0$ となる[*9], すなわち, $m^2 > 0$ ならば, $[l]$ は P 直線 $[m]$ 上の P 点または Γ 上の点であり, $m^2 = 0, m \ne \bar{0}$ ならば, $[l] = [m]$ は Γ 上の点である.

証明 $a^2 + b^2 > 0$ のとき,

$$D = \frac{-2c \pm \sqrt{4c^2 - a^2 - b^2}}{a^2 + b^2}$$

とおけば, $(Da)^2 + (Db)^2 + 1 = -4cD$ となることが確かめられる. $m = a'x + b'y + c'(x^2 + y^2 + 1)$ とすると, $P_l = (Da, Db)$ であるから,

$$m(P_l) = a'(Da) + b'(Db) + c'((Da)^2 + (Db)^2 + 1) = D(a'a + b'b - 4c'c) = Dl \cdot m$$

である. $a^2 + b^2 = 0$ のときは $a = b = 0, c \ne 0$ であるから, $c' = 0$ である. したがって, $m(P_l) = 0$ である. ∎

[*8] $|-2c \pm \sqrt{4c^2 - a^2 - b^2}| = |2c| - \sqrt{4c^2 - a^2 - b^2}$
$< \sqrt{4c^2 - (4c^2 - a^2 - b^2)} = \sqrt{a^2 + b^2}$

[*9] $m = a'x + b'y + c'(x^2 + y^2 + 1), P = (x_0, y_0)$ のとき, $m(P) = a'x_0 + b'y_0 + c'(x_0^2 + y_0^2 + 1)$ である.

20　2　双曲平面上の点，直線，円

l を $\bar{0}$ でない V の元，t を 0 でない実数とすれば，明らかに $[l] = [tl]$ である．逆に，l_1, l_2 が $\bar{0}$ でない V の元で，$[l_1] = [l_2]$ ならば，$l_2 = t l_1$ となる 0 でない実数 t が存在することは，$[l_1]$ が P 直線のときは明らかであり，P 点または Γ 上の点のときも少し計算すればわかる[*10]．

問題2.1　(1) $(x_0, y_0) \in \Delta$ ならば，$[x_0 x + y_0 y - \frac{1}{4}(x_0^2 + y_0^2 + 1)(x^2 + y^2 + 1)] = (x_0, y_0)$ であることを確かめよ．

(2) 定理 2.2 の逆，すなわち $l, m \in V$, $l^2 < 0$, $m^2 \geq 0$, $m([l]) = 0$ ならば，$l \cdot m = 0$ であることを示せ．

定義　交わる二つの P 直線のなす角とは交点における接線のなす角である．特に，接線が直交するとき，二つの P 直線は直交するという．

定理2.3　$l_1, l_2 \in V$, $l_1^2 > 0$, $l_2^2 > 0$ のとき，$[l_1]$ と $[l_2]$ が直交するための必要十分条件は $l_1 \cdot l_2 = 0$ となることである．

証明　$l_i = a_i x + b_i y + c_i(x^2 + y^2 + 1)$ とする．$c_1 c_2 = 0$ のときは明らかだから，$c_1 \neq 0$, $c_2 \neq 0$ の場合を考える．$l_i = 0$ で表される円の中心を O_i，半径を r_i とすれば，補題 2.1 と簡単な計算により，

$$r_1^2 + r_2^2 - \overline{O_1 O_2}^2 = \frac{l_1 \cdot l_2}{2 c_1 c_2}$$

となることがわかる．　　　　　　　　　　　　　　　　　　　　　■

l_1, l_2 を $\bar{0}$ でない V の元とするとき，$l_1 \cdot l_2 = 0$ ならば，定理 2.2, 2.3 より，次のいずれかが成り立つ[*11]．

(i) $[l_1]$ と $[l_2]$ は互いに直交する P 直線である．

_____

[*10] $l_i = a_i x + b_i y + c_i(x^2 + y^2 + 1)$ とするとき，$[l_1] = [l_2]$ ならば，一方を定数倍することにより，$a_1 = a_2$, $b_1 = b_2$ と仮定してよい．このとき，$c_1 = c_2$ となることを示せばよい

[*11] $[l_1]$ が P 点ならば，$l_2(P_{l_1}) = 0$ であるから，$[l_2]$ は P 直線である．

(ii) $[l_i]$ は P 直線であり, $[l_j]$ は $[l_i]$ 上の P 点または Γ 上の点である ($\{i,j\}$ = $\{1,2\}$).

(iii) $[l_1] = [l_2]$ は Γ 上の点である.

定義 (擬外積) $l_i = a_i x + b_i y + c_i(x^2 + y^2 + 1) \in V$ $(i = 1, 2)$ に対して

$$l_1 * l_2 = 4 \begin{vmatrix} b_1 & c_1 \\ b_2 & c_2 \end{vmatrix} x + 4 \begin{vmatrix} c_1 & a_1 \\ c_2 & a_2 \end{vmatrix} y - \begin{vmatrix} a_1 & b_1 \\ a_2 & b_2 \end{vmatrix} (x^2 + y^2 + 1)$$

とする.

$*$ の性質 : l_1, l_2, l_3 を $\bar{0}$ でない V の元とし, t_1, t_2 を実数とするとき, 次が成り立つ.

(i) $l_1 * l_2 = -l_2 * l_1$ ($\Longrightarrow$ $[l_1 * l_2] = [l_2 * l_1]$)

(ii) $[l_1] = [l_2] \Longleftrightarrow l_1 * l_2 = \bar{0}$

(iii) $(t_1 l_1 + t_2 l_2) * l_3 = t_1 l_1 * l_3 + t_2 l_2 * l_3$

(iv) $(l_1 * l_2) \cdot l_1 = (l_1 * l_2) \cdot l_2 = 0$

(v) $l_1 \cdot (l_2 * l_3) = l_2 \cdot (l_3 * l_1) = l_3 \cdot (l_1 * l_2)$

(vi) $\frac{1}{4}(l_1 * l_2) * l_3 = (l_2 \cdot l_3)l_1 - (l_1 \cdot l_3)l_2$

(i), (ii), (iii) は行列式の性質より明らかである. また行列式の余因子展開を使えば,

$$l_1 \cdot (l_2 * l_3) = 4 \begin{vmatrix} a_1 & b_1 & c_1 \\ a_2 & b_2 & c_2 \\ a_3 & b_3 & c_3 \end{vmatrix}$$

となることがわかる. したがって, 行列式の性質より (iv) と (v) も成り立つことがわかる. (vi) は両辺を計算して比較することにより確かめられる. 例えば, x の係数は $(a_1 b_2 - a_2 b_1)b_3 - 4(a_1 c_2 - a_2 c_1)c_3$ である.

定理 2.4 l_1, l_2 を $\bar{0}$ でない V の元とし, $[l_1] \neq [l_2]$ とする.

(1) $[l_1], [l_2]$ が P 点のとき, $[l_1 * l_2]$ は $[l_1]$ と $[l_2]$ を通る P 直線である.

(2) $[l_1]$ が P 点であり, $[l_2]$ が P 直線のとき, $[l_1 * l_2]$ は $[l_1]$ を通り, $[l_2]$ に直交する P 直線である.

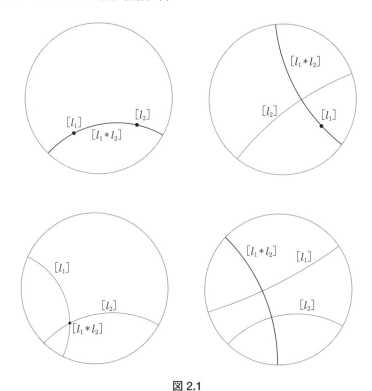

図 2.1

(3) $[l_1]$, $[l_2]$ が P 直線のとき,交わるか極限平行ならば,$[l_1 * l_2]$ はその交点であり,平行ならば,$[l_1 * l_2]$ は両方に直交する P 直線である.

証明 仮定と $*$ の性質 (ii) より,$l_1 * l_2 \neq \bar{0}$ である.$*$ の性質 (iv) と定理 2.2, 2.3 より,(1), (2) は明らかである.(3) $[l_1 * l_2]$ が P 点ならば,それは $[l_1]$, $[l_2]$ 上の点であるから,この二つの P 直線の交点である.$[l_1 * l_2]$ が P 直線ならば,それは $[l_1]$, $[l_2]$ の両方に直交する.逆に,l_3 を $\bar{0}$ でない V の元で $[l_3]$ が,$[l_1]$, $[l_2]$ の交点か両方に直交する P 直線であるとすれば,$l_1 \cdot l_3 = l_2 \cdot l_3 = 0$ であるから,$*$ の性質 (ii) と (vi) より,l_3 は $l_1 * l_2$ の定数倍である. ∎

l, m を $l^2 < 0, m^2 > 0$ となる V の元であるとする.$n = 4(l * m) * m$ とおけば,$*$ の性質 (iv) より $n \cdot m = n \cdot (l * m) = 0$ である.さらに,$*$ の性質

(vi) より,

$$n^2 = n \cdot (m^2 l - (l \cdot m)m) = m^2 n \cdot l = m^2(m^2 l^2 - (l \cdot m)^2) < 0$$

であるから, $[n]$ は P 点 $[l]$ から P 直線 $[m]$ に下ろした垂線の足である.

定理 2.5 V の元 l_1, l_2, l_3 が線形従属であるための必要十分条件は $m \cdot l_1 = m \cdot l_2 = m \cdot l_3 = 0$ を満たす $\bar{0}$ でない V の元 m が存在することである.

証明 (必要条件) l_1, l_2 が線形独立ならば, $m = l_1 * l_2$ とすれば, $*$ の性質 (ii), (iv) より, $m \neq \bar{0}$, $m \cdot l_1 = m \cdot l_2 = 0$ である. また, このとき $l_3 = t_1 l_1 + t_2 l_2$ を満たす実数 t_1, t_2 が存在するから, $m \cdot l_3 = 0$ である. l_1, l_2, l_3 のどの二つも線形従属ならば, これらは V の一次元部分空間に含まれるから, 条件を満たす m が存在する.

(十分条件) $\{l \in V \mid l \cdot m = 0\}$ は V の二次元部分空間であるから, それに含まれる三つの元は線形従属である. ■

この定理より, 双曲平面上のデザルグの定理およびパスカルの定理の結論は V の三つの元が線形従属であるということから導かれることがわかる. 上の定理において $[m]$ が P 点のときは $[l_i]$ は $[m]$ を通る P 直線である. $[m]$ が Γ 上の点で $[m] \neq [l_i]$ のときは $[l_i]$ を含む直線または円は $[m]$ で互いに接している. このとき, 三つの P 直線 $[l_1], [l_2], [l_3]$ は**極限平行**であるということにする. $[m]$ が P 直線のときは $[l_i]$ は $[m]$ 上の P 点か Γ 上の点, または $[m]$ に直交する P 直線である. $[l_1], [l_2], [l_3]$ がすべて P 直線のとき, これらの三つの P 直線は**平行**であるということにする.

2.2　垂　　心

次の定理から, 双曲平面でも三角形の三垂線が一点で交わるか, 極限平行または平行であることがわかる.

24　2　双曲平面上の点，直線，円

定理 2.6　$l_1, l_2, l_3 \in V$ とするとき，$(l_1 * l_2) * l_3, (l_2 * l_3) * l_1, (l_3 * l_1) * l_2$ は線形従属である．

証明　$*$ の性質 (vi) より，
$$(l_1 * l_2) * l_3 + (l_2 * l_3) * l_1 + (l_3 * l_1) * l_2 = \bar{0}$$
となることがわかる．　■

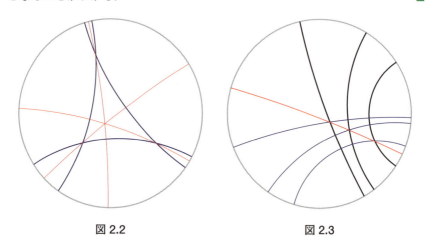

図 2.2　　　　　　　　　　　図 2.3

$[l_1], [l_2], [l_3]$ が P 点のとき，$[(l_i * l_j) * l_k]$ は $[l_k]$ を通って，$[l_i]$ と $[l_j]$ を通る P 直線に直交する P 直線である (**図 2.2**)．$[l_1], [l_2], [l_3]$ が P 直線であり，どの二本も平行でそれらに直交する直線が残りの一本に交わるとき，これらの三点は一直線上にある (**図 2.3**)．$[l_1], [l_2], [l_3]$ のうち，一つが P 点の場合が**図 2.4** であり，二つが P 点の場合が**図 2.5** である．

問題 2.2　$l_1, l_2, l_3 \in V$ とし，$[l_i]$ が P 点を表すとき，三角形 $[l_1][l_2][l_3]$ の垂心は (存在すれば)
$$\left[\frac{l_1 * l_2}{l_1 \cdot l_2} + \frac{l_2 * l_3}{l_2 \cdot l_3} + \frac{l_3 * l_1}{l_3 \cdot l_1} \right]$$
であることを証明せよ．

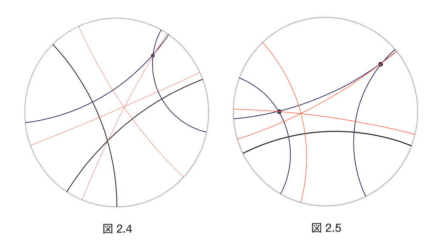

図 2.4 図 2.5

定理 2.7 $a, b, c, g \in V$ とするとき,$((a*g)*g)*(b*c)$, $((b*g)*g)*(c*a)$, $((c*g)*g)*(a*b)$ は線形従属である.

証明 $*$ の性質 (vi) より,

$$(a*g)*g = 4g^2 a - 4(a \cdot g)g$$

である.再び,$*$ の性質 (vi) より,

$$\begin{aligned}((a*g)*g)*(b*c) &= 16g^2((a \cdot b)c - (a \cdot c)b) - 16(a \cdot g)((g \cdot b)c - (g \cdot c)b) \\ &= 16((a \cdot g)(c \cdot g) - g^2(a \cdot c))b \\ &\quad + 16(g^2(a \cdot b) - (a \cdot g)(b \cdot g))c\end{aligned}$$

である.したがって,

$$((a*g)*g)*(b*c) + ((b*g)*g)*(c*a) + ((c*g)*g)*(a*b) = \bar{0}$$

である. ∎

$[a]$ が P 点で $[g]$ が P 直線のとき,$[(a*g)*g]$ は $[a]$ から $[g]$ に下ろした垂線の足である.したがって,$[a], [b], [c]$ が P 点で $[g]$ が P 直線のとき,次の命題が得られる (**図 2.6**).

「三角形と直線 g があるとき,三角形の各頂点から,直線 g に下ろした垂線の足から対辺への垂線は一点で交わるか,極限平行または平行である.」

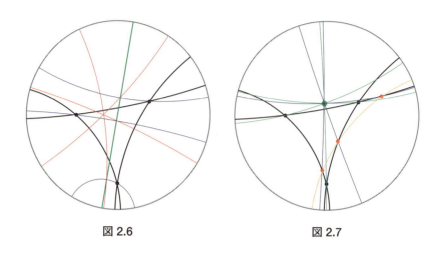

図 2.6　　　　　　　　　図 2.7

$[a]$, $[g]$ が共に P 点のとき,$[(a*g)*g]$ は $[g]$ を通って $[a]$ と $[g]$ を結ぶ直線に直交する直線である.したがって,$[a]$, $[b]$, $[c]$, $[g]$ が P 点のとき,次の命題が得られる (**図 2.7**).

「三角形とその辺上にない点 G があるとき,G を通って三角形の各頂点と G を結ぶ直線に直交する直線と対辺の交点は一直線上にある.」

$[a]$ が P 直線で $[g]$ が P 点のとき,$[(a*g)*g]$ は $[g]$ を通って,$[g]$ から $[a]$ に引いた垂線に直交する P 直線である.この直線を $[a]$ の $[g]$ **最短平行直線**と呼ぶことにすれば,上の定理から次の命題が得られる (**図 2.8**).

「三辺形と一点 G があるとき,各辺の G 最短平行直線に対頂点から下ろした垂線は一点で交わるか,極限平行または平行である.」

$[a]$, $[g]$ が共に P 直線で平行のとき,$[(a*g)*g]$ は $[g]$ と $[a]$ の両方に直交する P 直線と $[g]$ の交点である.2.8 節で,この点が $[g]$ 上の P 点の中で $[a]$ に最短な点であることを示す.したがって,次の命題が得られる (**図 2.9**).

「三辺形とどの辺とも平行な直線 g があるとき,g 上の各辺に最短な点と対頂点を結ぶ直線は一点で交わるか,極限平行または平行である.」

2.2 垂　心　27

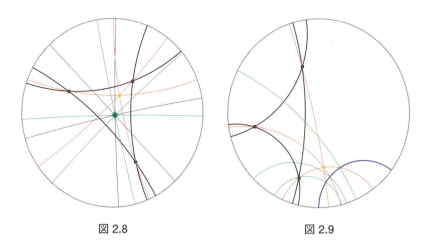

図 2.8　　　　　　　　図 2.9

問題 2.3　A, B, C を P 点とする．P 直線 BC の A 最短平行直線を L，P 直線 CA の B 最短平行直線を M，P 直線 AB の C 最短平行直線を N とする．

(i) M と N が交われば，N と L，L と M も交わることを示せ．

(ii) (i) が成り立つ，すなわち LMN が三辺形をなすとするとき，M と N の交点を P，N と L の交点を Q，L と M の交点を R とすれば，P 線分 QR，RP，PQ の中点はそれぞれ A, B, C であることを証明せよ (2.4 節で距離を定義するが，$l, m \in V$，$l^2 = m^2 < 0$ のとき，$[l+m]$ は二つの P 点 $[l]$ と $[m]$ を結ぶ線分の中点である)．

問題 2.4　A, B, C を P 点とする．A から BC に下ろした垂線の足を D，B から CA に下ろした垂線の足を E，C から AB に下ろした垂線の足を F とするとき，三角形 DEF の内心または傍心の一つが三角形 ABC の垂心に等しいことを証明せよ (2.4 節で二つの P 直線のなす角を定義するが，$l, m \in V$，$l^2 = m^2 > 0$ のとき，$[l \pm m]$ は二つの P 直線 $[l]$ と $[m]$ のなす角の二等分線である)．

28　2　双曲平面上の点，直線，円

2.3　デザルグの定理

次の定理から，双曲平面上でもデザルグの定理が成り立つことがわかる．

定理 2.8　$l_1, l_2, l_3, m_1, m_2, m_3$ を V の元とする．$l_1 * m_1, l_2 * m_2, l_3 * m_3$ が線形従属ならば，$(l_2*l_3)*(m_2*m_3), (l_3*l_1)*(m_3*m_1), (l_1*l_2)*(m_1*m_2)$ も線形従属である．

証明　定理 2.5 より，$(l_1 * m_1) \cdot n = (l_2 * m_2) \cdot n = (l_3 * m_3) \cdot n = 0$ となる $\bar{0}$ でない V の元 n が存在する．このとき，再び定理 2.5 と $*$ の性質 (iv) より，n, l_i, m_i は線形従属である．$l_i = \bar{0}$ または $m_i = \bar{0}$ のときは，明らかに結論が成り立つ．また，$[l_i] = [n]$ または $[m_i] = [n]$ のときも，結論が成り立つことがわかる[*12]．したがって，m_i を定数倍に置き換えることにより，$m_i = l_i + t_i n$ を満たす実数 t_i が存在するとしてよい．このとき，

$$m_i * m_j = l_i * l_j + t_j l_i * n + t_i n * l_j$$

であるから，$*$ の性質 (iv), (vi) より，

$$
\begin{aligned}
(l_i * l_j) * (m_i * m_j) &= t_j(l_i * l_j) * (l_i * n) + t_i(l_i * l_j) * (n * l_j) \\
&= -4t_j((l_i * l_j) \cdot n)l_i + 4t_i((l_i * l_j) \cdot n)l_j \\
&= 4((l_i * l_j) \cdot n)(t_i l_j - t_j l_i)
\end{aligned}
$$

が成り立つ．したがって，

$$\frac{t_3(l_1 * l_2) * (m_1 * m_2)}{(l_1 * l_2) \cdot n} + \frac{t_1(l_2 * l_3) * (m_2 * m_3)}{(l_2 * l_3) \cdot n} + \frac{t_2(l_3 * l_1) * (m_3 * m_1)}{(l_3 * l_1) \cdot n} = \bar{0}$$

である．　■

$[l_i], [m_i]$ が P 点のときは，上の定理は双曲平面上のデザルグの定理を表している (**図 2.10**，**2.11**)．$[l_i]$ が P 点であり，$[m_i]$ が P 直線で三角形の三辺と

[*12]　例えば，$[l_1] = [n]$ ならば，$[(l_1 * l_2) * (m_1 * m_2)] = [m_2]$ である．

2.3 デザルグの定理　29

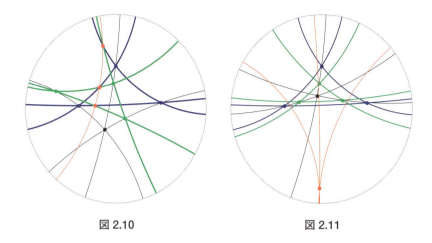

図 2.10　　　　　　　　　図 2.11

なっているときは $[l_i]$ から $[m_i]$ への三本の垂線が一点で交わるか平行ならば，$[m_i * m_j]$ から $[l_i * l_j]$ への三本の垂線も一点で交わるか，極限平行または平行という命題となる (**図 2.12**)．

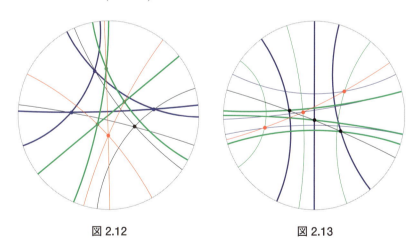

図 2.12　　　　　　　　　図 2.13

$[l_i]$, $[m_i]$ が P 直線で $[l_1][l_2][l_3]$, $[m_1][m_2][m_3]$ がそれぞれ三辺形となっているときは，デザルグの定理の逆を表している．また，$[l_i]$, $[m_i]$ が**図 2.13** ($[l_i]$ は太い青い線，$[m_i]$ は太い緑の線) のような位置にあるときは，「L_i, M_i, L'_i, M'_i ($i = 1, 2, 3$) が P 直線で，$i \neq j$ のときは L_i と L'_j が直交し，M_i と M'_j も直

30　2　双曲平面上の点，直線，円

交しているとする．L_1M_1, L_2M_2, L_3M_3 が一直線上にあれば，$L_1'M_1'$, $L_2'M_2'$, $L_3'M_3'$ も一直線上にある．」という命題になる．

以下で，定理 2.8 が平面上のデザルグの定理からも導かれることを示す．V の元 l に対して

$$l^\perp = \{m \in V \mid l \cdot m = 0\}$$

とする．$l \neq \bar{0}$ ならば，$l^\perp$ は V の二次元部分空間である．また，$l, m \in V$ に対して $l * m \neq \bar{0}$ ならば，$*$ の性質 (iv) より，

$$l, m \in (l * m)^\perp, \qquad l * m \in l^\perp \cap m^\perp$$

であることがわかる．次に，$\bar{0}$ でない V の元 l に対して $\mathbf{R}l = \{cl \mid c \in \mathbf{R}\}$ とし，$\mathbf{R}l$ と交わる V の平面 H に対して $\bar{l}^H = H \cap \mathbf{R}l$ とする．すなわち，$\mathbf{R}l$ は $\bar{0}$ と l を通る直線であり，$\bar{l}^H$ はその直線と H の交点である．次の定理は明らかである．

定理 2.9　l_1, l_2, l_3 を $\bar{0}$ でない V の元とし，H を $\mathbf{R}l_1$, $\mathbf{R}l_2$, $\mathbf{R}l_3$ のいずれとも交わり，$\bar{0}$ を通らない V の平面とする．このとき，l_1, l_2, l_3 が線形従属であるための必要十分条件は $\bar{l}_1^H$, $\bar{l}_2^H$, $\bar{l}_3^H$ が一直線上にあることである．

H を $\mathbf{R}l_1$, $\mathbf{R}l_2$, $\mathbf{R}l_3$, $\mathbf{R}m_1$, $\mathbf{R}m_2$, $\mathbf{R}m_3$, $\mathbf{R}((l_1 * l_2) * (m_1 * m_2))$, $\mathbf{R}((l_2 * l_3) * (m_2 * m_3))$, $\mathbf{R}((l_3 * l_1) * (m_3 * m_1))$ のいずれとも交わり，$\bar{0}$ を通らない V の平面とする．$l_i * m_i \neq \bar{0}$ のとき，$(l_i * m_i)^\perp \cap H$ は $\overline{l_i}^H$ と $\overline{m_i}^H$ を通る直線である．定理 2.5 より，$l_1 * m_1$, $l_2 * m_2$, $l_3 * m_3$ が線形従属ならば，$n \cdot (l_i * m_i) = 0$ $(i = 1, 2, 3)$ となる $\bar{0}$ でない V の元 n がある．$\mathbf{R}n$ と H が交われば，三直線 $(l_1 * m_1)^\perp \cap H$, $(l_2 * m_2)^\perp \cap H$, $(l_3 * m_3)^\perp \cap H$ は一点 $\bar{n}^H$ で交わる．$\mathbf{R}n$ と H が交わらなければ，$(l_1 * m_1)^\perp \cap H$, $(l_2 * m_2)^\perp \cap H$, $(l_3 * m_3)^\perp \cap H$ は互いに平行である．また，

$$(l_i * l_j) * (m_i * m_j) \in (l_i * l_j)^\perp \cap (m_i * m_j)^\perp$$

であるから，$\overline{(l_i * l_j) * (m_i * m_j)}^H$ は H 上の $\bar{l}_i^H$ と $\bar{l}_j^H$ を通る直線と，$\bar{m}_i^H$ と

$\bar{m}_j^H$ を通る直線の交点である. したがって, 上の定理と平面上のデザルグの定理より, 定理 2.8 が成り立つことがわかる.

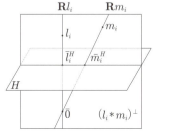
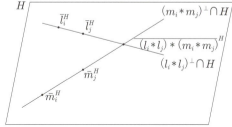

図 2.14

2.4　円に関する平面の反転と双曲平面上の距離

次節で, 三角形の外心, 内心, 傍心, 重心を考察するための準備として, まず, 円に関する反転を定義し, それに関連する定理をいくつか述べる. θ を点 O を中心とする半径 r の円とする. P を O と異なる点とするとき, O を端点とする半直線 OP 上の点 Q で $\overline{OP} \cdot \overline{OQ} = r^2$ を満たすものを P に対応させる写像

$$f_\theta : P \longrightarrow Q$$

を円 θ に関する反転という. 定義から明らかに, $f_\theta(P) = Q$ ならば $f_\theta(Q) = P$ であり, P が θ 上の点ならば, $f_\theta(P) = P$ である. また, f_θ は θ の内側の点を外側に移し, 外側の点を内側に移す.

定理 2.10　θ_1, θ_2 を互いに直交する[*13] 円とすれば, f_{θ_1} は θ_2 をそれ自身に移す.

[*13] 二つの円の交点における接線が直交するとき, 二つの円は直交するという. また, 接線のなす角を二つの円のなす角という.

証明 θ_1 と θ_2 の交点の一つを T とし，θ_1 の中心を O_1 とすれば，直線 O_1T は θ_2 の接線である．したがって，r_1 を θ_1 の半径とし，P を θ_2 上の点とすれば，$\overline{O_1P} \cdot \overline{O_1f_{\theta_1}(P)} = r_1^2 = \overline{O_1T}^2$ であるから，方ベキの定理の逆より，$f_{\theta_1}(P)$ は θ_2 上の点である． ■

θ を Γ に直交する円とすれば，$\theta \cap \Delta$ は P 直線であり，上の定理により，f_θ は Γ をそれ自身に移すが，その内部の Δ もそれ自身に移す．さらに，次の二つの定理からわかるように，f_θ は P 直線を P 直線に移す．

定理 2.11 θ を点 O を中心とする円とする．
(i) f_θ は O を通る直線をそれ自身に移す．
(ii) f_θ は O を通らない直線を O を通る円に移す．
(iii) f_θ は O を通る円を O を通らない直線に移す．
(iv) f_θ は O を通らない円を O を通らない円に移す．

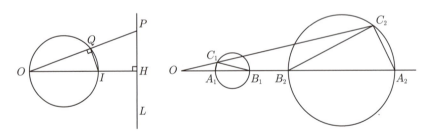

図 2.15

証明 (i) は反転の定義より，明らかである．

(ii) L を O を通らない直線とする．O から L に下ろした垂線の足を H とし，$I = f_\theta(H)$ とする．また，P を L 上の点とし，$Q = f_\theta(P)$ とする．$\overline{OP} \cdot \overline{OQ} = \overline{OH} \cdot \overline{OI}$ であるから，$\overline{OH} : \overline{OP} = \overline{OQ} : \overline{OI}$ である．したがって，$\triangle OHP \sim \triangle OQI$ であるから，$\angle OQI = \angle OHP = 90°$ である．すなわち，Q は線分 OI を直径とする円上の点である．

(iii) θ' を O を通る円とする．OI を θ' の直径とし，$H = f_\theta(I)$ とす

2.4 円に関する平面の反転と双曲平面上の距離 33

る. また, Q を θ' 上の点とし, $P = f_\theta(Q)$ とする. (ii) の証明と同様に $\angle OHP = \angle OQI = 90°$ であるから, P は H を通って OH に直交する直線上の点である.

(iv) θ_1 を O を通らない円とし, O_1 をその中心とする. 直線 OO_1 と θ_1 の二つの交点のうち O に近いほうを A_1, もう一方を B_1 とし, $A_2 = f_\theta(A_1)$, $B_2 = f_\theta(B_1)$ とする. また, C_1 を θ_1 上の点とし, $C_2 = f_\theta(C_1)$ とすれば, $\overline{OA_1} \cdot \overline{OA_2} = \overline{OB_1} \cdot \overline{OB_2} = \overline{OC_1} \cdot \overline{OC_2}$ であるから, $\triangle OA_1C_1 \sim \triangle OC_2A_2$, $\triangle OB_1C_1 \sim \triangle OC_2B_2$ である. したがって, $\angle OA_1C_1 = \angle OC_2A_2$, $\angle OB_1C_1 = \angle OC_2B_2$ であるから,

$$
\begin{aligned}
\angle A_2C_2B_2 &= \angle A_2C_2O - \angle OC_2B_2 \\
&= \angle OA_1C_1 - \angle OB_1C_1 \\
&= \angle A_1C_1B_1 = 90°
\end{aligned}
$$

である. すなわち, C_2 は線分 A_2B_2 を直径とする円上の点である. ∎

定理 2.12 円に関する反転により, 角の大きさは変わらない.

証明 θ を点 O を中心とする円とする. θ_1 を円, または O を通らない直線とし, C_1 をその上の点とするとき, OC_1 と θ_1 のなす角と $Of_\theta(C_1)$ と $f_\theta(\theta_1)$ のなす角が等しいことを示せばよい. まず, θ_1 が O を通らない円の場合を考える. A_1, B_1, A_2, B_2 を定理 2.11 (iv) の証明と同様に定める. このとき, A_1B_1 は θ_1 の直径であり, f_θ は θ_1 を A_2B_2 を直径とする円に移す. C_1 を θ_1 上の点とし, $C_2 = f_\theta(C_1)$ とする. OC_1 と θ_1, $f_\theta(\theta_1)$ の交点で C_1, C_2 と異なる方をそれぞれ D_1, D_2 とすれば, 接弦定理により, C_1 における θ_1 の接線と OC_1 のなす角と, C_2 における $f_\theta(\theta_1)$ の接線と OC_2 のなす角はそれぞれ $\angle C_1A_1D_1$, $\angle C_2A_2D_2$ に等しい. 定理 2.11 (iv) の証明と同様にして $\angle OA_1C_1 = \angle OC_2A_2$, $\angle OA_1D_1 = \angle OD_2A_2$ であることがわかる. したがって,

$$
\angle C_1A_1D_1 = \angle OA_1D_1 - \angle OA_1C_1
$$

$$= \angle OD_2A_2 - \angle OC_2A_2$$
$$= \angle C_2A_2D_2$$

である．θ_1 が O を通る円，または O を通らない直線のときは図 2.16 (左) より明らかである． ∎

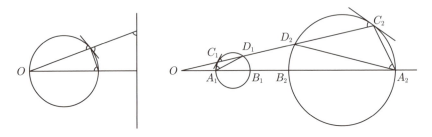

図 2.16

次に，双曲平面上の距離を定義し，それが Γ に直交する円による反転で変わらないことを示す．P 点および Γ 上の点 (x_0, y_0) に対して複素数 $x_0 + y_0\sqrt{-1}$ を対応させる．

定義 $\alpha, \beta, \gamma, \delta$ を複素数とするとき，複比 $(\alpha, \beta; \gamma, \delta)$ を次のように定義する．

$$(\alpha, \beta; \gamma, \delta) = \frac{(\alpha - \gamma) \cdot (\beta - \delta)}{(\alpha - \delta) \cdot (\beta - \gamma)}$$

簡単な計算で次がわかる．

補題 2.13 $a \neq 0, b$ を任意の複素数とするとき，写像 $z \mapsto az + b$ で複比は変わらない．すなわち，

$$(a\alpha + b, a\beta + b; a\gamma + b, a\delta + b) = (\alpha, \beta; \gamma, \delta)$$

が成り立つ．

定理 2.14 複素数 $\alpha, \beta, \gamma, \delta$ が同一直線上にあるか，同一円上にあれば，$(\alpha, \beta; \gamma, \delta)$ は実数である．

2.4 円に関する平面の反転と双曲平面上の距離　35

証明　四つの複素数が直線上にあるときは，上の補題より，その直線は実軸であるとしてよい．同一円上にあるときも，上の補題より，その円は中心が 0 で半径が 1 であるとしてよい．このとき，$\alpha\overline{\alpha} = \beta\overline{\beta} = \gamma\overline{\gamma} = \delta\overline{\delta} = 1$ である．

$$\overline{(\alpha,\beta;\gamma,\delta)} = (\overline{\alpha},\overline{\beta};\overline{\gamma},\overline{\delta}) = \frac{(\frac{1}{\alpha} - \frac{1}{\gamma})(\frac{1}{\beta} - \frac{1}{\delta})}{(\frac{1}{\alpha} - \frac{1}{\delta})(\frac{1}{\beta} - \frac{1}{\gamma})} = \frac{(\gamma - \alpha)(\delta - \beta)}{(\delta - \alpha)(\gamma - \beta)} = (\alpha,\beta;\gamma,\delta)$$

であるから，$(\alpha,\beta;\gamma,\delta)$ は実数である． ■

定理 2.15　複素数 α, β, γ, δ が同一直線上にあるか，同一円上にあれば，$(\alpha,\beta;\gamma,\delta)$ は円に関する反転で変わらない．

証明　円 θ による反転で α, β, γ, δ がそれぞれ α', β', γ', δ' に移るとする．$z \mapsto az + b$ は相似写像であるから，補題 2.13 より，θ の中心は 0 で半径は 1 であるとしてよい．このとき，$\alpha'\overline{\alpha} = \beta'\overline{\beta} = \gamma'\overline{\gamma} = \delta'\overline{\delta} = 1$ である．

$$(\alpha',\beta';\gamma',\delta') = (\overline{\alpha}^{-1},\overline{\beta}^{-1};\overline{\gamma}^{-1},\overline{\delta}^{-1}) = (\overline{\alpha},\overline{\beta};\overline{\gamma},\overline{\delta}) = \overline{(\alpha,\beta;\gamma,\delta)}$$

定理 2.14 により，右辺は $(\alpha,\beta;\gamma,\delta)$ に等しい． ■

定義　二つの P 点 P, Q を通る P 直線と Γ の二交点のうち P に近いほうを R, Q に近いほうを S とするとき，P, Q の距離を次で定義する．

$$d(P,Q) = \log(P,Q;S,R)$$

上の R, S の定義から，$d(P,Q) \geq 0$ であり，$d(P,Q) = 0$ となるための必要十分条件は $P = Q$ となることである．また，R, P, Q, S が実軸上にあり，$\overline{RP} : \overline{PQ} : \overline{QS} = n + 4 : 3n : n(n+1)$ ならば，$(P,Q;S,R) = 4$ である．このことから，同じ長さの線分も Γ に近づくと短く見えることがわかる．

θ を Γ に直交する円とすれば，定理 2.15 により，θ に関する反転で Δ 上の距離は変わらない．また，定理 2.12 により角も変わらないから，θ 上にない P 点 P に対して P 直線 $\theta \cap \Delta$ は P 線分 $Pf_\theta(P)$ の垂直二等分線である．したがって，θ に関する反転の Δ への制限は $\theta \cap \Delta$ による，双曲平面の鏡映で

ある．また，0 を通る直線 L による平面の鏡映の Δ への制限は P 直線 $L \cap \Delta$ による Δ の鏡映である．

問題 2.5 P, Q を P 点とし，T を P 線分 PQ 上の P 点とするとき，

$$d(P,T) + d(T,Q) = d(P,Q)$$

が成り立つことを証明せよ．

P, Q, T を一直線上にない P 点とするとき，$d(P,T) + d(T,Q) > d(P,Q)$ が成り立つことを 2.7 節の系 2.32 で示す．

2.5 外心，内心，傍心，重心

次の V の部分集合を考える．

$$V_+ = \{l \in V \mid l^2 = 1\}$$
$$V_- = \{l = ax + by + c(x^2 + y^2 + 1) \in V \mid l^2 = -1,\ c > 0\}$$

V_+ と V_- の各元 l に対して $[l]$ はそれぞれ P 直線と P 点である．逆に，P 直線 L に対して $L = [l]$ となる V_+ の元は二つあり，P 点 P に対して $P = [l]$ となる V_- の元は唯一つである．また，写像

$$q : V_- \ni l \mapsto [l] = P_l \in \Delta$$

は同相写像である．

問題 2.6 $l_1, l_2 \in V_-$ とするとき，次を証明せよ（ヒント：0 以上の実数 a_i と $0 \le t_i < 2\pi$ を満たす実数により，$l_i = (a_i \cos t_i)x + (a_i \sin t_i)y + \frac{1}{2}\sqrt{a_i^2 + 1}$ $(x^2 + y^2 + 1)$ と表せる）．

(i) $l_1 \cdot l_2 \le -1$.

(ii) $l_1 \cdot l_2 = -1$ ならば，$l_1 = l_2$ である．

2.5 外心，内心，傍心，重心　37

$l_1, l_2 \in V_-$, $l_1 \neq l_2$ ならば，上の問題より，$(l_1 + l_2)^2 < -4$, $(l_1 - l_2)^2 > 0$ である．したがって，$[l_1 + l_2]$ は P 点である．また，$(l_1 - l_2) \cdot (l_1 + l_2) = 0$ であるから，$[l_1 - l_2]$ は $[l_1 + l_2]$ を通る P 直線である．

定理 2.16　$l_1, l_2 \in V_-$ のとき，$[l_1 + l_2]$ は P 線分 $[l_1][l_2]$ の中点であり，$[l_1 - l_2]$ は $[l_1][l_2]$ の垂直二等分線である．

証明　最初に，P 直線 $[l_1 - l_2]$ による鏡映で $[l_1]$ が $[l_2]$ に移ることを示す．$l_i = a_i x + b_i y + c_i(x^2 + y^2 + 1)$ とする．$l_i \in V_-$ であるから，$[l_i] = \frac{-1}{2c_i + 1}(a_i, b_i)$ である．$c_1 = c_2$ すなわち，$l_1 - l_2 = 0$ が直線を表すときは明らかである．以下，$l_1 - l_2 = 0$ が円 θ を表す場合を考える．$(l_1 - l_2) \cdot (l_1 * l_2) = 0$ であるから，円 θ による反転で $[l_1]$ と $[l_2]$ を通る P 直線 $[l_1 * l_2]$ はそれ自身に移る．また，次の計算から，円 θ の中心 $\left(-\frac{a_1 - a_2}{2(c_1 - c_2)}, -\frac{b_1 - b_2}{2(c_1 - c_2)}\right)$, $[l_1]$, $[l_2]$ は一直線上にあることがわかる．

$$
\begin{vmatrix}
-\dfrac{a_1}{2c_1 + 1} + \dfrac{a_1 - a_2}{2(c_1 - c_2)} & -\dfrac{b_1}{2c_1 + 1} + \dfrac{b_1 - b_2}{2(c_1 - c_2)} \\[2mm]
-\dfrac{a_2}{2c_2 + 1} + \dfrac{a_1 - a_2}{2(c_1 - c_2)} & -\dfrac{b_2}{2c_2 + 1} + \dfrac{b_1 - b_2}{2(c_1 - c_2)}
\end{vmatrix}
$$

$$
= \frac{a_1 b_2}{(2c_1 + 1)(2c_2 + 1)} - \frac{a_1 - a_2}{2(c_1 - c_2)} \frac{b_2}{2c_2 + 1} - \frac{b_1 - b_2}{2(c_1 - c_2)} \frac{a_1}{2c_1 + 1}
$$
$$
- \frac{a_2 b_1}{(2c_1 + 1)(2c_2 + 1)} + \frac{a_1 - a_2}{2(c_1 - c_2)} \frac{b_1}{2c_1 + 1} + \frac{b_1 - b_2}{2(c_1 - c_2)} \frac{a_2}{2c_2 + 1}
$$
$$
= \frac{(a_1 b_2 - a_2 b_1)\left(2(c_1 - c_2) - (2c_1 + 1) + (2c_2 + 1)\right)}{2(c_1 - c_2)(2c_1 + 1)(2c_2 + 1)} = 0
$$

したがって，円 θ による反転で $[l_1]$ は $[l_2]$ に移る．

$(l_1 + l_2) \cdot (l_1 - l_2) = (l_1 + l_2) \cdot (l_1 * l_2) = 0$ であるから，$[l_1 + l_2]$ は P 線分 $[l_1][l_2]$ の垂直二等分線 $[l_1 - l_2]$ と $[l_1 * l_2]$ の交点である． ■

$l_1, l_2 \in V_+$, $(l_1 * l_2)^2 > 0$ のとき，$[l_1 * l_2]$ は $[l_1]$ と $[l_2]$ の両方に直交する P 直線であり，$[l_i * (l_1 * l_2)]$ は $[l_i]$ と $[l_1 * l_2]$ の交点である．二点 $[l_1 * (l_1 * l_2)]$，$[l_2 * (l_1 * l_2)]$ を結ぶ P 線分を $[l_1]$ と $[l_2]$ の**直交線分**と呼ぶことにする．

38　2　双曲平面上の点，直線，円

定理 2.17　$l_1, l_2 \in V_+, (l_1 * l_2)^2 > 0$ のとき，$[l_1 \pm l_2]$ は $[l_1]$ と $[l_2]$ の直交線分の中点と垂直二等分線である．

証明　$*$ の性質 (vi) より，

$$\frac{1}{4}l_1 * (l_1 * l_2) = (l_1 \cdot l_1)l_2 - (l_1 \cdot l_2)l_1 = l_2 - (l_1 \cdot l_2)l_1,$$

$$\frac{1}{4}l_2 * (l_1 * l_2) = (l_2 \cdot l_1)l_2 - (l_2 \cdot l_2)l_1 = (l_1 \cdot l_2)l_2 - l_1,$$

$$l_1 * (l_1 * l_2) + l_2 * (l_1 * l_2) = 4(1 + l_1 \cdot l_2)(l_2 - l_1),$$

$$l_1 * (l_1 * l_2) - l_2 * (l_1 * l_2) = 4(1 - l_1 \cdot l_2)(l_2 + l_1)$$

である．したがって，$[l_1 * (l_1 * l_2) \pm l_2 * (l_1 * l_2)] = [l_1 \mp l_2]$ である．また，

$$\frac{1}{16}(l_1 * (l_1 * l_2))^2 = 1 - (l_1 \cdot l_2)^2 = \frac{1}{16}(l_2 * (l_1 * l_2))^2$$

であるから，$|c| = |d| \neq 0$ を満たす実数 c, d が存在して $c(l_1 * (l_1 * l_2))$，$d(l_2 * (l_1 * l_2)) \in V_-$ となる．したがって，定理 2.16 より，結論が従う．　■

定理 2.18　$l_1, l_2 \in V_+, [l_1] \neq [l_2]$ とする．
　(i) $[l_1]$ と $[l_2]$ は交わる　$\Longleftrightarrow$　$|l_1 \cdot l_2| < 1$
　(ii) $[l_1]$ と $[l_2]$ は極限平行　$\Longleftrightarrow$　$|l_1 \cdot l_2| = 1$
　(iii) $[l_1]$ と $[l_2]$ は平行　$\Longleftrightarrow$　$|l_1 \cdot l_2| > 1$

証明　擬外積の性質 (v), (vi) により，次の等式が成り立つ．

$$(l_1 * l_2)^2 = l_1 \cdot (l_2 * (l_1 * l_2)) = l_1 \cdot (4((l_1 \cdot l_2)l_2 - l_2^2 l_1)) = 4((l_1 \cdot l_2)^2 - l_1^2 l_2^2)$$

$[l_1]$ と $[l_2]$ が交わる，極限平行または平行となるための必要十分条件はそれぞれ，$[l_1 * l_2]$ が P 点，Γ 上の点または P 直線となることである．さらに，それらは $(l_1 * l_2)^2$ がそれぞれ，負，0, 正となることと同値である．　■

定理 2.19　$l_1, l_2 \in V_+, |l_1 \cdot l_2| < 1$ のとき，$[l_1]$ と $[l_2]$ のなす角を θ とすれば，$\cos\theta = \pm l_1 \cdot l_2$ である．

2.5 外心, 内心, 傍心, 重心 **39**

証明 $l_i = a_i x + b_i y + c_i(x^2 + y^2 + 1)$ とする. $c_1 = c_2 = 0$ のときは明らかである. 以下, $c_1 \neq 0$, $c_2 \neq 0$ の場合を考える. $l_i \in V_+$ であるから, 補題 2.1 より, $l_i = 0$ で表される円の半径は $\frac{1}{2|c_i|}$ である. したがって, 二つの円の中心と交点 $[l_1 * l_2]$ を頂点とする三角形に余弦定理を適用すると

$$2\frac{1}{4|c_1 c_2|}\cos\theta = \pm\frac{l_1 \cdot l_2}{2 c_1 c_2}$$

となる. ■

問題 2.7 定理 2.19 の証明の中で $c_1 = 0$, $c_2 \neq 0$ の場合を補え.

問題 2.8 α, β, γ を $\alpha + \beta + \gamma < \pi$ を満たす正の実数とするとき, 三つの角が α, β, γ の三角形を作れ.

系 2.20 $l_1, l_2 \in V_+$, $(l_1 * l_2)^2 < 0$ のとき, $[l_1 \pm l_2]$ は角 $[l_1][l_2]$ の二等分線である.

証明 $(l_1 + l_2) \cdot l_1 = 1 + l_1 \cdot l_2 = (l_1 + l_2) \cdot l_2$ であるから, 上の定理より, $[l_1]$ と $[l_1 + l_2]$ のなす角と $[l_2]$ と $[l_1 + l_2]$ のなす角は等しい. ■

明らかに, 次の定理が成り立つ.

定理 2.21 (外心, 内心, 傍心定理) $l_1, l_2, l_3 \in V$ とする.
(i) $l_1 - l_2$, $l_2 - l_3$, $l_3 - l_1$ は線形従属である.
(ii) $l_1 - l_2$, $l_2 + l_3$, $l_3 + l_1$ は線形従属である.

$o = l_1 * l_2 + l_2 * l_3 + l_3 * l_1$, $o' = -l_1 * l_2 + l_2 * l_3 + l_3 * l_1$ とすれば, $*$ の性質 (iv), (v) より, $o \cdot (l_1 - l_2) = o \cdot (l_2 - l_3) = o \cdot (l_3 - l_1) = 0$, $o' \cdot (l_1 - l_2) = o' \cdot (l_2 + l_3) = o' \cdot (l_3 + l_1) = 0$ である. $l_1, l_2, l_3 \in V_-$ のときは $[o]$ は P 三角形 $[l_1][l_2][l_3]$ の外心であり, $[o']$ は三角形の二辺の中点を通り, 残りの辺の垂直二等分線に直交する直線である (**図 2.17**, $[l_i]$, $[l_i * l_j]$, $[l_i \pm l_j]$

40　2 双曲平面上の点，直線，円

をそれぞれ黒，青，赤で描いている)．このことから，次の命題が得られる．
「三角形の外心と三辺の中点を頂点とする三角形の垂心は一致する．」

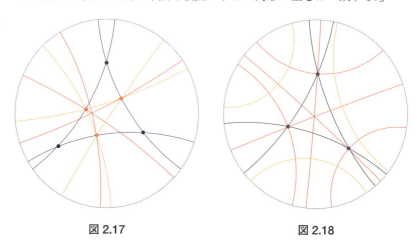

図 2.17　　　　　　　　　　図 2.18

$l_1, l_2, l_3 \in V_+$ で $[l_1], [l_2], [l_3]$ が三角形の三辺となるときは $[o]$ と $[o']$ は内心と傍心を表す (**図 2.18**)．また，m が l_1 と l_2 の一次結合，すなわち

$$m \in \mathbf{R}l_1 + \mathbf{R}l_2 := \{t_1 l_1 + t_2 l_2 \mid t_1, t_2 \in \mathbf{R}\}$$

ならば，$m \cdot (l_1 * l_2) = 0$ である．$[l_1 * l_2]$ が P 点であるから，$m \neq \bar{0}$ ならば $[m]$ は $[l_1 * l_2]$ を通る P 直線である．したがって，$(\mathbf{R}l_1 + \mathbf{R}l_2) \cap V_- = \emptyset$ である．このことから，$[l_1], [l_2], [l_3]$ が三角形の三辺となるときは，必要ならば，l_i を $-l_i$ に置き換えることにより，

$$V_- \subset \mathbf{R}_{\geq 0} l_1 + \mathbf{R}_{\geq 0} l_2 + \mathbf{R}_{\geq 0} l_3 := \{t_1 l_1 + t_2 l_2 + t_3 l_3 \mid t_1, t_2, t_3 \in \mathbf{R}_{\geq 0}\}$$

としてよいことがわかる．このとき，$[l_i - l_j]$ は P 三辺形 $[l_1][l_2][l_3]$ の内角の二等分線となる．

　$l_1, l_2 \in V_+$, $(l_1 * l_2)^2 > 0$ のとき，$(\mathbf{R}_{\geq 0} l_1 + \mathbf{R}_{\geq 0} l_2) \cap V_- \neq \emptyset$ ならば，$[l_1 + l_2]$ が P 点であり，$[l_1 - l_2]$ が P 直線である．**図 2.19** の場合，$[o]$ は三つの P 直線 $[l_1], [l_2], [l_3]$ から等距離にある P 点である．**図 2.20** の場合，定理 2.19 により，$[o], [o']$ は $[l_1], [l_2], [l_3]$ と同じ角度で交わる P 直線である．

2.5 外心, 内心, 傍心, 重心   41

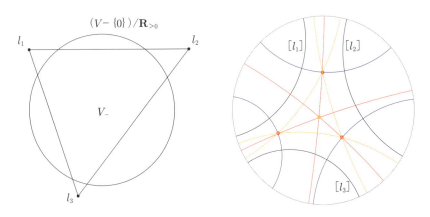

図 2.19

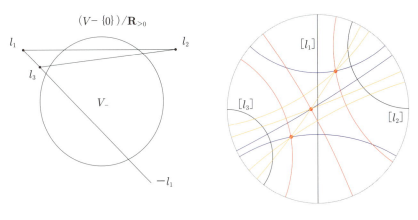

図 2.20

問題 2.9 l_1, l_2, l_3 を線形独立な V_- の元とするとき, P 三角形 $[l_1][l_2][l_3]$ の内心は

$$\left[\sqrt{(l_2 * l_3)^2}\, l_1 + \sqrt{(l_3 * l_1)^2}\, l_2 + \sqrt{(l_1 * l_2)^2}\, l_3\right]$$

であることを証明せよ.

次は $*$ の性質 (i), (iii) より明らかである.

定理 2.22 $l_1, l_2, l_3 \in V$ とするとき, $(l_1+l_2)*l_3, (l_2+l_3)*l_1, (l_3+l_1)*l_2$ は線形従属である.

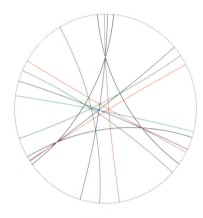

図 2.21

$l_1, l_2, l_3 \in V_-$ のときは, $[(l_i+l_j)*l_k]$ は P 三角形 $[l_1][l_2][l_3]$ の中線であり, それらが $[l_1+l_2+l_3]$ で交わることは $*$ の性質 (iv) よりわかるが, この点を重心と呼ぶのは妥当ではないかもしれない[*14]. なお, 図 2.21 のように, 双曲平面上の一般の三角形 $[l_1][l_2][l_3]$ のこの点 $[l_1+l_2+l_3]$, 外心, 垂心は一直線上にはない.

問題 2.10 $l_1, l_2, l_3, l_4 \in V$ とするとき, 次を証明せよ. また, $l_i \in V_-$ ($i=1,2,3,4$) のとき, 以下の事実はどのような定理を意味するか.

(i) $(l_1+l_2)*(l_3+l_4), (l_1+l_3)*(l_2+l_4), (l_1+l_4)*(l_2+l_3)$ は線形従属である.

(ii) $(l_1+l_2)*(l_3-l_4), (l_1+l_3)*(l_2-l_4), (l_1-l_4)*(l_2+l_3)$ は線形従属である.

(iii) $(l_1+l_2)*(l_3+l_4), (l_1-l_3)*(l_2-l_4), (l_1-l_4)*(l_2-l_3)$ は線形従属

[*14] 普通の平面の重心は三角形の面積を三等分するが, この点は $[l_1][l_2][l_3]$ の面積を三等分するとは限らない.

である.

2.6　P直線による鏡映とP点による対称変換

m を $m^2 \neq 0$ を満たす V の元とする. V から V 自身への写像 β_m を

$$\beta_m(l) = l - \frac{2l \cdot m}{m^2} m$$

と定義する. この β_m は次の性質を満たす. (i), (ii), (v) は明らかであり, (iii),
(iv) も少し計算すれば確かめられる.

(i) β_m は線形写像である.

(ii) c を 0 でない実数とすると $\beta_{cm} = \beta_m$ である.

(iii) $\beta_m \circ \beta_m = \mathrm{id}$ 　　　　　　(id は恒等写像)

(iv) $\beta_m(l_1) \cdot \beta_m(l_2) = l_1 \cdot l_2$ 　　　　$(l_1, l_2 \in V)$

(v) $\beta_m(m) = -m$ であり, $l \cdot m = 0$ ならば, $\beta_m(l) = l$ である.

(i), (iii) より, β_m は V の線形変換である. $m^2 > 0$, すなわち, $[m]$ は P
直線であるとする. (iv) より, $l^2 = \beta_m(l)^2$ であり, $l - \beta_m(l)$ は m の定数
倍であるから, $[l]$ が P 点ならば, 定理 2.16 により, $[m]$ は P 線分 $[l][\beta_m(l)]$
の垂直二等分線である. すなわち, P 直線 $[m]$ による鏡映を $\alpha_{[m]}$ とすれば,
$\alpha_{[m]}([l]) = [\beta_m(l)]$ である.

次に, $m^2 < 0$, すなわち, $[m]$ は P 点であるとする. $m^2 > 0$ のときと同
様に $[l]$ が P 点ならば, $[m]$ は P 線分 $[l][\beta_m(l)]$ の中点であることがわかる.
すなわち, P 点 $[m]$ による対称変換を $\alpha_{[m]}$ とすれば, $\alpha_{[m]}([l]) = [\beta_m(l)]$ で
ある.

問題 2.11　$l_1, l_2, m \in V, m^2 \neq 0$ のとき, 次の等式が成り立つことを証明
せよ.

$$\beta_m(l_1) * \beta_m(l_2) = -\beta_m(l_1 * l_2)$$

問題 2.12　$l, m \in V, l^2 > 0, m^2 \neq 0$ のとき, $\alpha_{[m]}$ により, P 直線 $[l]$ は
$[\beta_m(l)]$ に移ることを証明せよ.

44   2 双曲平面上の点，直線，円

問題 2.13 $[l], [m]$ $(l, m \in V)$ を P 点とするとき，二回の P 直線による鏡映で $[l]$ を 0 に，$[m]$ を $[y]$ 上の P 点に移せることを示せ．

問題 2.14 $[l], [m]$ $(l, m \in V)$ をそれぞれ P 直線と P 点とするとき，二回の P 直線による鏡映で $[l]$ を $[x]$ に，$[m]$ を $[y]$ 上の P 点に移せることを示せ．

問題 2.15 $l_1, l_2 \in V_-$ のとき，$\cosh d([l_1], [l_2]) = -l_1 \cdot l_2$ となることを証明せよ[*15]．

問題 2.16 L_1, L_2, M を P 直線とし，L_1, L_2 と M はそれぞれ A_1, A_2 で交わるとする．M と L_1, L_2 の交わる錯角が等しければ，P 線分 $A_1 A_2$ の中点から，L_1 に下ろした垂線は L_2 とも直交することを証明せよ．

定理 2.23 l, m を $l^2 \neq 0, m^2 \neq 0$ を満たす V の元とすれば，

$$\beta_m \circ \beta_l \circ \beta_m = \beta_{\beta_m(l)}$$

である．

証明 $(\beta_m \circ \beta_l \circ \beta_m)(\beta_m(l)) = \beta_m(\beta_l(l)) = \beta_m(-l) = -\beta_m(l)$ である．次に，u を $\beta_m(l) \cdot u = 0$ を満たす V の任意の元とする．(v) より，$\beta_{\beta_m(l)}(u) = u$ である．(iii), (iv) より，$l \cdot \beta_m(u) = 0$ であるから

$$(\beta_m \circ \beta_l \circ \beta_m)(u) = \beta_m(\beta_l(\beta_m(u))) = \beta_m(\beta_m(u)) = u$$

である． ■

問題 2.17 l, m_1, m_2 を $l^2 \neq 0, m_1^2 \neq 0, m_2^2 \neq 0$ を満たす V の元とすれば，

$$\beta_{m_1} \circ \beta_{m_2} \circ \beta_l \circ \beta_{m_2} \circ \beta_{m_1} = \beta_{(\beta_{m_1} \circ \beta_{m_2})(l)}$$

が成り立つことを証明せよ．

普通の平面と同様に，角度 θ で交わる二つの P 直線による鏡映を合成すれば，角度 2θ の回転となる．

[*15] $\cosh x = \frac{e^x + e^{-x}}{2}$ は双曲線関数と呼ばれている．

2.6 P 直線による鏡映と P 点による対称変換　45

定理 2.24　l_1, l_2 を $(l_1 * l_2)^2 < 0$, $l_1 \cdot l_2 = \cos\theta$ を満たす V_+ の元とすれば，V_- の任意の元 m に対して $[(\beta_{l_2} \circ \beta_{l_1})(m)]$ は $[m]$ を $[l_1 * l_2]$ を中心に 2θ 回転した P 点である.

証明　定理 2.23 により，$l_1 = x$, $l_2 = (\cos\theta)x + (\sin\theta)y$ の場合に証明すればよい[*16]. 倍角公式を使って計算すれば

$$(\beta_{l_2} \circ \beta_{l_1})(ax + by + c(x^2 + y^2 + 1))$$
$$= (a\cos 2\theta - b\sin 2\theta)x + (a\sin 2\theta + b\cos 2\theta)y + c(x^2 + y^2 + 1)$$

が成り立つことがわかる. また，$D(a, b)$ を 0 を中心にして反時計回りに 2θ 回転すると $D(a\cos 2\theta - b\sin 2\theta, a\sin 2\theta + b\cos 2\theta)$ になる. ■

　P 直線による鏡映を有限回繰り返して移り合う図形どうしを**合同**ということにする. P 直線による鏡映は二つの P 点の間の距離と二つの P 直線のなす角を変えないので，二つの P 三角形 ABC と DEF が合同ならば，

$$d(A, B) = d(D, E), \quad d(B, C) = d(E, F), \quad d(C, A) = d(F, D),$$
$$\angle ABC = \angle DEF, \quad \angle BCA = \angle EFD, \quad \angle CAB = \angle FDE$$

である. 逆に，二つの P 三角形の二角挟辺または二辺挟角が等しければ，合同であることはすぐわかる. 例えば，$d(B, C) = d(E, F)$, $\angle ABC = \angle DEF$, $\angle BCA = \angle EFD$ とする. P 線分 BE の垂直二等分線による鏡映で E を B に移すことができる. このとき，D, F がそれぞれ D', F' に移ったとする. 次に，$\angle CBF'$ の二等分線による鏡映で半直線 BF' を BC に移すことができる. このとき，D', F' がそれぞれ D'', F'' に移ったとする. $d(B, C) = d(E, F)$ より，$F'' = C$ である. また，必要ならば，P 直線 BC による鏡映を行い，A と D'' が BC の同じ側にあるとしてよい. このとき，$\angle ABC = \angle DEF$ であるから，BA と BD'' は重なる. 同様に CA と CD'' も重なるので $A = D''$ である.

───────────────

[*16]　問題 2.14 と同様にして何回かの P 直線による鏡映で $[l_1], [l_2]$ をそれぞれ $[x], [(\cos\theta)x + (\sin\theta)y]$ に移せる.

46   2 双曲平面上の点，直線，円

定理 2.25 P 三角形 ABC において $d(A,B) = d(A,C)$ ならば，$\angle ABC = \angle ACB$ である．

$\boxed{証明}$　P 三角形 ABC と ACB は二辺挟角が等しいので合同である．　∎

A, B を相異なる二つの P 点とし，P 線分 AB の中点を M とする．P 点 C が A と B から等距離にあると仮定する．上の定理により，三角形 AMC と BMC は二辺挟角が等しいので合同である．したがって，$\angle AMC = \angle BMC$ は直角である．すなわち，C は P 線分 AB の垂直二等分線上の点である．

定理 2.26　二つの P 三角形 ABC と DEF において

$$d(A,B) = d(D,E), \quad d(B,C) = d(E,F), \quad d(C,A) = d(F,D)$$

ならば，ABC と DEF は合同である．

$\boxed{証明}$　P 直線による有限回の鏡映で P 線分 DE を AB に移すことができるから，$A = D, B = E$ の場合を考える．$d(A,C) = d(A,F), d(B,C) = d(B,F)$ であるから，$C \neq F$ ならば，A, B は P 線分 CF の垂直二等分線上の点である．すなわち，P 直線 AB による鏡映で C は F に移る．　∎

普通の平面の場合と同じように二辺とその二辺に挟まれない角が等しい二つの三角形は合同とは限らない．また，普通の平面上の三角形の内角の和は $180°$ であるから，二角とその二角に挟まれない辺が等しい二つの三角形は合同である．双曲平面では三角形の内角の和は $180°$ ではないが，次が成り立つ．

定理 2.27　二つの P 三角形 ABC と DEF において

$$d(A,B) = d(D,E), \quad \angle BAC = \angle EDF, \quad \angle ACB = \angle DFE$$

ならば，ABC と DEF は合同である．

2.6 P直線による鏡映とP点による対称変換 47

証明 上の定理の証明と同じように $A = D$, $B = E$ の場合を考えればよい. さらに, 必要ならば, P直線 AB による鏡映を考えることにより, 点 F は半直線 AC 上にあるとしてよい. $C \neq F$ とすると仮定より $\angle ACB = \angle AFB$ であるから, 問題 2.16 により P直線 BC と BF は交わらないことになってしまう. したがって, $C = F$ でなければならない. ■

定理 2.28 二つのP三角形 ABC と DEF において

$$\angle ABC = \angle DEF, \quad \angle BCA = \angle EFD, \quad \angle CAB = \angle FDE$$

ならば, ABC と DEF は合同である.

証明 P直線による有限回の鏡映でP半直線 AB, AC をそれぞれ DE, DF に移すことができるから, $A = D$ であり, E, F がそれぞれ半直線 AB, AC 上にある場合を考える. $B \neq E$ ならば, 問題 2.16 により, P直線 BC と EF は交わらない. したがって, $C \neq F$ である. 二つのP直線の両方に直交するP直線は唯一つであるから, 問題 2.16 により, P線分 BE と CF は互いの中点で交わることになってしまうが, これはありえない. したがって, $B = E$, $C = F$ でなければならない. ■

問題 2.18 P三角形 ABC の辺 BC, CA, AB の中点をそれぞれ D, E, F とするとき, 次は同値であることを証明せよ.
(1) D は $\triangle ABC$ の外心である.
(2) $\angle A = \angle B + \angle C$ である.
(3) $\angle EDF$ は直角である.
(4) $\angle DEA$ は直角である.
(5) $\angle DFA$ は直角である.

48   2   双曲平面上の点，直線，円

2.7   P点とP直線の距離

ユークリッド原論の命題 16 (第 1 章参照) と同様にして次の補題が証明できる．

補題 2.29 A, B, C を P 点とし，D を P 直線 BC の C 側の延長上の P 点とすれば，$\angle BAC < \angle ACD$ である．

定理 2.30 A, B, C を一 P 直線上にない P 点とする．$d(A,B) > d(A,C)$ であるための必要十分条件は $\angle ABC < \angle ACB$ となることである．

証明   P 半直線 AB 上に $d(A,D) = d(A,C)$ となる P 点 D をとる．このとき，上の補題と定理 2.25 より，$d(A,B) > d(A,C)$ ならば，$\angle DBC < \angle ADC = \angle ACD < \angle ACB$ である．同様にして，$d(A,B) < d(A,C)$ ならば，$\angle ABC > \angle ACB$ となることがわかるから，$d(A,B) > d(A,C)$ でないならば，$\angle ABC < \angle ACB$ でないこともわかる． ■

次の定理により，P 点 P から P 直線 L への最短距離は P から L へ下ろした垂線であることがわかる．

定理 2.31 L を P 直線，P を L 上にない P 点とする．H を P から L へ下ろした垂線の足，Q を H と異なる L 上の P 点とすれば，$d(P,H) < d(P,Q)$，$d(H,Q) < d(P,Q)$ である．

証明   補題 2.29 より，$\angle PQH < 90°$，$\angle HPQ < 90°$ である．したがって，上の定理より，結論が従う． ■

系 2.32 P, Q, T を一 P 直線上にない P 点とすれば，$d(P,T) + d(T,Q) > d(P,Q)$ である．

2.8 P円と等距離曲線 49

証明 T から P 直線 PQ に下ろした垂線の足を H とする．H が P と Q の間にあれば，上の定理より，

$$d(P,Q) = d(P,H) + d(H,Q) < d(P,T) + d(T,Q)$$

である．H が線分 PQ の P 側の延長上にあれば，

$$d(P,Q) < d(H,Q) < d(T,Q) < d(P,T) + d(T,Q)$$

である．Q 側の延長上にあるときも，同様である．　　　■

2.8 P円と等距離曲線

O を P 点とするとき，O から等距離にある P 点の軌跡を O を中心とする **P円**という．次は，距離の定義と補題 2.13 から明らかである．

定理 2.33 原点 0 を中心とし，半径 1 未満の円は P 円である．逆に，0 を中心とする P 円は 0 を中心とする 半径 1 未満の円である．

定理 2.34 P 円は $\triangle$ に含まれる円である．逆に，$\triangle$ に含まれる円は P 円である．

証明 Θ を 0 と異なる P 点 O を中心とする P 円とする．α_L を 0 と O を結ぶ P 線分の垂直二等分線 L による鏡映とすれば，$\alpha_L(\Theta)$ は 0 を中心とする P 円である．P 直線 L を含む円の中心は $\triangle$ の外にあるから，定理 2.11 と上の定理により，Θ は $\triangle$ に含まれる円である．次に，Θ' を O' を中心とし，$\triangle$ に含まれる円とする．0 と O' を通る直線と Θ' の交点を P, Q とし，P 線分 PQ の中点を O とする．α_L を 0 と O を結ぶ P 線分の垂直二等分線 L による鏡映とすれば，$\alpha_L(P)$ と $\alpha_L(Q)$ は $\alpha_L(O) = 0$ から等距離にある．また，定理 2.12 により，P 直線 $\alpha_L(P)\alpha_L(Q)$ と $\alpha_L(\Theta')$ は直交するから，$\alpha_L(\Theta')$ は 0 を中心とする円であり，上の定理により P 円でもある．したがって，Θ' も P 円である．　　　■

50   2   双曲平面上の点，直線，円

Θ を 0 と異なる P 点 O を中心とする P 円とする．上の定理により，Θ は円であるが，その中心は O とは異なる点である．

問題 2.19 双曲平面では方ベキの定理が成り立たないことを簡単な例で示せ．

A, B を P 点 O を中心とする P 円上の点とすれば，$d(O,A) = d(O,B)$ であるから，定理 2.25 より $\angle OAB = \angle OBA$ である．

問題 2.20 P 四角形 $ABCD$ が P 円に内接していれば，

$$\angle ABC + \angle CDA = \angle BCD + \angle DAB$$

であることを証明せよ．

次に，Γ と交わる円の Δ に含まれる部分は双曲平面のいかなる図形か考える．次の定理はピタゴラスの定理を使えば，容易に証明できる．

定理 2.35 Θ_1, Θ_2 を 2 点 R, S で交わる二つの円または円と直線とする．Θ_3 を Θ_1, Θ_2 に直交する円または直線とすれば，Θ_3 は R, S を通る任意の円または直線に直交する．

Θ を Γ と 2 点 R, S で交わる円または直線とし，Λ を Γ と 2 点 R, S で直交する円または直線とする．このとき，次の定理により Θ 上の P 点は P 直線 $\Lambda \cap \Delta$ から等距離にあることがわかる．そこで，$\Theta \cap \Delta$ を**等距離曲線**と呼ぶことにする．

定理 2.36 P, Q を Θ 上の P 点とし，P, Q から，P 直線 $\Lambda \cap \Delta$ に下ろした垂線の足をそれぞれ H, K とすれば，$d(P,H) = d(Q,K)$ であり，$\angle QPH = \angle PQK$ である．逆に，Q' が Λ に関して P と同じ側にある P 点で Q' から $\Lambda \cap \Delta$ に下ろした垂線の足を K' とするとき，$d(P,H) = d(Q',K')$ ならば，Q' は Θ 上の点である．

2.8 P円と等距離曲線 51

証明 P線分 HK の垂直二等分線 L は上の定理により, Θ に直交する. したがって, L による鏡映で Θ はそれ自身に移る. また, P直線 PH はP直線 QK に移るから, P線分 PH はP線分 QK に移る. 後半の証明も同様である. ∎

$\Theta \cap \Delta$ とその $\Lambda \cap \Delta$ による鏡映の和は上の定理により, P直線 $\Lambda \cap \Delta$ から等距離にある点の軌跡である.

問題 2.21 P四角形 $ABCD$ の頂点が等距離曲線上にあれば,

$$\angle ABC + \angle CDA = \angle BCD + \angle DAB$$

であることを証明せよ.

$l_1, l_2 \in V, m = l_1 * l_2$ とする. $l_1^2, l_2^2, m^2 > 0$ ならば, P直線 $[m]$ は二つのP直線 $[l_1], [l_2]$ の両方に直交する. $[l_1]$ と Γ の交点を R, S とし, $[l_i]$ と $[m]$ の交点を P_i とする. P_2, R, S を通る円または直線を Θ とする. 定理 2.35 により, Θ と $[m]$ は P_2 で直交する. したがって, Θ と $[l_2]$ は P_2 で接する. このことから, $\Theta \cap \Delta$ は $[l_1]$ と $[l_2]$ の間にあることがわかる. また, $\Theta \cap \Delta$ は $[l_1]$ と $[l_2]$ の間にあって $[l_1]$ から等距離にある点の軌跡であるから, $[l_2]$ 上の P_2 と異なる任意のP点と $[l_1]$ との距離は $d(P_1, P_2)$ より大きいことがわかる. すなわち, P線分 $P_1 P_2$ が 2P直線 $[l_1], [l_2]$ の間の最短距離を与えている.

次に, Γ に点 R で接し, R 以外は Δ に含まれる円 Θ を考える. 曲線 $\Lambda = \Theta - \{R\}$ は**極限円**と呼ばれる. A, B を Θ 上のP点とし, R を通り, P直線 AB に直交するP直線を L とする. L と Θ は直交するから, L による鏡映 (L を含む円に関する反転の Δ への制限) で A は B に移る. したがって, $\angle BAR = \angle ABR$ となる.

問題 2.22 P四角形 $ABCD$ が 極限円に内接していれば,

$$\angle ABC + \angle CDA = \angle BCD + \angle DAB$$

であることを証明せよ．

問題 2.23 P 四角形 $ABCD$ に対して

$$\angle ABC + \angle CDA = \angle BCD + \angle DAB$$

が成り立てば，頂点 A, B, C, D は一つの P 円，等距離曲線または極限円上にあることを証明せよ．

定理 2.37 $\Theta_1, \Theta_2, \Theta_3$ をどの二つも二点で交わる P 円，等距離曲線または極限円とする．Θ_i と Θ_j の交点を通る P 直線を $[l_{ij}]$ ($l_{ij} \in V$) とすれば，l_{12}, l_{23}, l_{31} は線形従属である．

図 2.22

証明 Θ_i の定義式を $\theta_i = a_i x^2 + a_i y^2 + b_i x + c_i y + d_i$ とすれば，$(a_j - d_j)\theta_i - (a_i - d_i)\theta_j$ の x^2, y^2 の係数と定数項はすべて $a_j d_i - a_i d_j$ であるから，これを l_{ij} としてよい．このとき，

$$(a_3 - d_3)l_{12} + (a_1 - d_1)l_{23} + (a_2 - d_2)l_{31} = \bar{0}$$

である． ∎

問題 2.24 モンジュの定理について調べ，双曲平面上でも成り立つか考察せよ (図 2.23 参照).

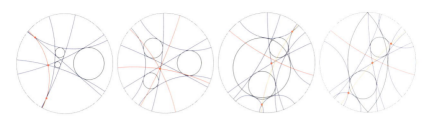

図 2.23

3 双曲平面上の二次曲線

3.1 二次 P 曲線とパスカルの定理

P 直線の定義式が $x, y, x^2 + y^2 + 1$ の一次結合であるから，次のように定義するのは妥当であろう．

定義 m 次 P 曲線とは $x, y, x^2 + y^2 + 1$ の実係数 m 次斉次多項式の Δ 内の零点集合からなる曲線である．

P 円，極限円および等距離曲線は二次 P 曲線であることが，次のようにしてわかる．Γ に関する反転で点 (X, Y) は点 $(\frac{X}{X^2+Y^2}, \frac{Y}{X^2+Y^2})$ に移る．$x^2 + y^2 + ax + by + c$ に $x = \frac{X}{X^2+Y^2}, y = \frac{Y}{X^2+Y^2}$ を代入して $X^2 + Y^2$ を掛けると $1 + aX + bY + c(X^2 + Y^2)$ になる．したがって，a, b, c を $a^2 + b^2 - 4c > 0$ を満たす実数とするとき，$x^2 + y^2 + ax + by + c = 0$ で表される円は Γ に関する反転で $c(x^2 + y^2) + ax + by + 1 = 0$ で表される円または直線に移る．前者を Θ_1, 後者を Θ_2 とする．Θ_1 が P 円または極限円，すなわち Δ に含まれる円ならば，Θ_2 は Γ の外の円である．Θ_1 が Γ と二点で交わるならば，その二点で Γ と直交する円 τ に関する反転によっても，Θ_1 は Θ_2 に移る．したがって，$(\Theta_1 \cup \Theta_2) \cap \Delta$ は τ から等距離にある P 点の軌跡である．次の等式が成り立つので，P 円，極限円および等距離曲線は二次 P 曲線である．

$$\left(x^2 + y^2 + ax + by + c\right)\left(c(x^2 + y^2) + ax + by + 1\right)$$

$$= (1-c)^2 \left(x^2 + y^2 - \frac{1}{4}(x^2 + y^2 + 1)^2\right) + \left(ax + by + \frac{1+c}{2}(x^2 + y^2 + 1)\right)^2$$

$P(x, y, z)$ を斉次多項式とする．$P(x, y, x^2 + y^2 + 1) = 0$ で表される P 曲線を C_P で表す．

56　3　双曲平面上の二次曲線

$$C_P = \{(x,y) \in \Delta \mid P(x,y,x^2+y^2+1) = 0\}$$

定理 3.1　$l = ax + by + c(x^2+y^2+1) \in V, l^2 < 0$ とするとき，$[l]$ が C_P 上の P 点であるための必要十分条件は $P(a,b,-4c) = 0$ となることである.

証明　$c \neq 0$ だから，$c > 0$ と仮定してよい．$a^2 + b^2 > 0$ のときは

$$R = \frac{-2c + \sqrt{4c^2 - a^2 - b^2}}{a^2 + b^2}$$

とおけば，$R \neq 0$ であり，$[l] = (Ra, Rb)$ である．$(Ra)^2 + (Rb)^2 + 1 = -4cR$ であるから，$P(x,y,z)$ の次数を d とすれば，

$$P(Ra, Rb, (Ra)^2 + (Rb)^2 + 1) = R^d P(a,b,-4c)$$

である．$a = b = 0$ のときは $[l] = (0,0) \in C_P$ であるための必要十分条件が $P(0,0,-4c) = 0$ であることは明らかである．　■

系 3.2　$m \in V, m^2 \neq 0$ のとき，$\alpha_{[m]}$ により，n 次 P 曲線は n 次 P 曲線に移る.

証明　$l = ax + by + c(x^2+y^2+1)$ を V の任意の元とするとき，2.6 節で見たように $\alpha_{[m]}([l]) = [\beta_m(l)]$ である．$\beta_m(l) = l' = a'x + b'y + c'(x^2+y^2+1)$ とすれば，a', b', c' は a, b, c の一次式である．したがって，n 次斉次多項式 $P(x,y,z)$ に対して $P'(a',b',-4c') = P(a,b,-4c)$ を満たす n 次斉次多項式 $P'(x,y,z)$ が存在する．上の定理より，$[l] \in C_p$ ならば，$\alpha_{[m]}([l]) = [l'] \in C_{P'}$ である．　■

$$Q_P = \{ax + by + c(x^2+y^2+1) \in V \mid P(a,b,-4c) = 0\}$$

とすれば，定理 3.1 より，

$$C_P = \{[l] \mid l \in Q_P \cap V_-\}$$

3.1 二次 P 曲線とパスカルの定理　57

である．$P(x, y, z)$ が斉次二次式で Q_P が線形独立な三つの元を含めば，Q_P と V の一般の平面の交わりは二次曲線である．2.3 節の後半と同じように考えれば，ユークリッド平面上のパスカルの定理より，次が成り立つことがわかる．

定理 3.3　$P(x, y, z)$ を斉次二次式とするとき，$l_1, l_2, \ldots, l_6 \in Q_P$ ならば，$(l_1 * l_2) * (l_4 * l_5), (l_2 * l_3) * (l_5 * l_6), (l_3 * l_4) * (l_6 * l_1)$ は線形従属である．

$[l_i]$ がすべて P 点のときは，上の命題から双曲平面上のパスカルの定理が得られる．また，P が一次式の積の場合は，$[l_i]$ がすべて P 点ならばパップスの定理が得られ (**図 3.1**)，すべて P 直線ならばその双対命題が得られる (**図 3.2**)．$[l_1], [l_3], [l_5]$ が P 点であり，$[l_2], [l_4], [l_6]$ が P 直線のときは**図 3.3** のようになる．

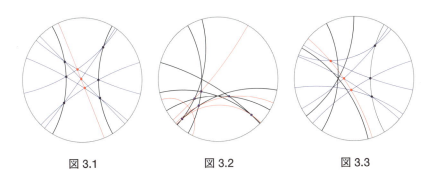

図 3.1　　　　　図 3.2　　　　　図 3.3

$P(x, y, z) = 4x^2 + 4y^2 - z^2$ のとき，$l \in Q_P$ ならば，$l^2 = 0$ であるから，$[l]$ は Γ 上の点である．したがって，極限六角形に対してもパスカルの定理の結論が成り立つ (**図 3.4**)．

ユークリッド平面の場合，二次曲線は，楕円，放物線，双曲線および二直線である．以下で，双曲平面の場合も，これらは二次 P 曲線であるが，他にも二次 P 曲線があることを示す．そのための準備として，二つの P 点の間の距離，二つの P 直線の間の距離，P 点と P 直線の間の距離を擬内積を使って表す．

定理 3.4　$l, m \in V_-$ のとき，

58   3 双曲平面上の二次曲線

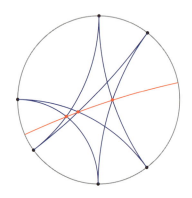
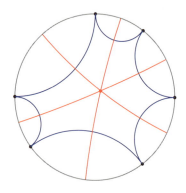

図 3.4

$$d([l],[m]) = \log\left(-l\cdot m + \sqrt{(l\cdot m)^2 - 1}\right)$$

である．

証明　$n \in V_+$ とするとき，定理 2.15 と 2.6 節により，P 直線 $[n]$ による鏡映 $\alpha_{[n]}$ で距離は変わらない．また，2.6 節 (iv) により，β_n で擬内積は変わらず，$\alpha_{[n]}([l]) = [\beta_n(l)]$ であるから，

$$l = \frac{1}{2}(x^2+y^2+1),\ m = ax + c(x^2+y^2+1)\quad (a^2 - 4c^2 = -1,\ a>0,\ c>0)$$

の場合に証明すればよい．このとき，$l\cdot m = -2c$，$[l] = (0,0)$，$[m] = (-\frac{\sqrt{4c^2-1}}{2c+1}, 0)$ であるから，

$$\begin{aligned}d([l],[m]) &= \log\left(\frac{\left(-\frac{\sqrt{4c^2-1}}{2c+1} - 1\right)(0-(-1))}{\left(-\frac{\sqrt{4c^2-1}}{2c+1} - (-1)\right)(0-1)}\right)\\ &= \log\left(2c + \sqrt{4c^2-1}\right) = \log\left(-l\cdot m + \sqrt{(l\cdot m)^2-1}\right)\end{aligned}$$

である．　∎

$l \in V_-, m \in V_+$ のとき，$[l]$ から $[m]$ へ下ろした垂線の足は $[(l*m)*m]$ で

3.1 二次 P 曲線とパスカルの定理 59

あり，2.7 節で見たように，これが $[m]$ 上の点の中で $[l]$ に一番近い．そこで，$[l]$ と $[m]$ の距離を次のように定義する．

定義 $l \in V_-$, $m \in V_+$ のとき，$d([l],[m]) = d([l],[(l*m)*m])$ とする．

定理 3.5 $l \in V_-$, $m \in V_+$ のとき，

$$d([l],[m]) = \log\left(|l \cdot m| + \sqrt{(l \cdot m)^2 + 1}\right)$$

である．

証明 定理 3.4 の証明と同様に，

$$m = x, \quad l = ax + c(x^2 + y^2 + 1) \quad (a^2 - 4c^2 = -1, \; c > 0)$$

の場合に証明すればよい．このとき，$|l \cdot m| = |a|$, $[(l*m)*m] = (0,0) = [\frac{1}{2}(x^2 + y^2 + 1)]$ であり，$2c + \sqrt{4c^2 - 1} = |a| + \sqrt{a^2 + 1}$ であるから，定理 3.4 より従う． ■

$l \in V_+$ とする．定理 2.18 により，$u^2 \neq 0$ を満たす V の元 u に対して $[u]$ が $[l]$ と極限平行な P 直線となるための必要十分条件は $(l \cdot u)^2 - u \cdot u = 0$ が成り立つことである．この等式を満たす V の元 u は l を通る $V_0 = \{l \in V \mid l^2 = 0\}$ の二つの接平面をなすことが次のようにしてわかる．

$$l = a_0 x + c_0(x^2 + y^2 + 1), \quad u = ax + by + c(x^2 + y^2 + 1)$$

とすれば，$a_0^2 - 4c_0^2 = 1$ であるから，

$$(l \cdot u)^2 - u \cdot u = (2c_0 a + b - 2a_0 c)(2c_0 a - b - 2a_0 c)$$

が成り立つ．

$l, m \in V_+$, $|l \cdot m| > 1$ のとき，$[l]$ と $[m]$ の両方に直交する P 直線 $[l*m]$ と $[l]$, $[m]$ との交点はそれぞれ $[(l*m)*l]$, $[(l*m)*m]$ であり，この二つの

60   3 双曲平面上の二次曲線

P 点を結ぶ P 線分が $[l]$ と $[m]$ の最短路となる. そこで, 平行な P 直線の距離を次のように定義する.

定義 $l, m \in V_+$, $|l \cdot m| > 1$ のとき, $d([l], [m]) = d([(l*m)*l], [(l*m)*m])$ とする.

定理 3.6 $l, m \in V_+$, $|l \cdot m| > 1$ のとき,

$$d([l], [m]) = \log \left(|l \cdot m| + \sqrt{(l \cdot m)^2 - 1} \right)$$

である.

証明 定理 3.4 の証明と同様に,

$$l = x, \quad m = ax + c(x^2 + y^2 + 1) \quad (a^2 - 4c^2 = 1)$$

の場合に証明すればよい. このとき, $|l \cdot m| = |a|$, $[(l * m) * l] = (0, 0)$, $[(l * m) * m] = [2cx + \frac{a}{2}(x^2 + y^2 + 1)]$ であるから, 定理 3.4 より従う. ∎

定理 2.18 により, 極限平行な P 直線の距離は 0 と定義するのが妥当である.

以下で, 上の定理を応用して, 二つの定 P 点からの距離の和または差, 二つの定 P 直線からの距離の和または差[*17], 定 P 点と定 P 直線からの距離の和または差が一定の P 点の軌跡が二次 P 曲線であることを示す.

I $l, m \in V_-$, $u \in V$, とする. $[u]$ が P 点ならば,

$$d([l], [u]) = \log \left(\frac{|l \cdot u|}{\sqrt{-u \cdot u}} + \sqrt{\frac{(l \cdot u)^2}{-u \cdot u} - 1} \right)$$

$$= \log \left(|l \cdot u| + \sqrt{(l \cdot u)^2 + u \cdot u} \right) - \frac{1}{2} \log(-u \cdot u)$$

であり, $[u]$ が P 直線ならば,

$$d([l], [u]) = \log \left(\frac{|l \cdot u|}{\sqrt{u \cdot u}} + \sqrt{\frac{(l \cdot u)^2}{u \cdot u} + 1} \right)$$

[*17] ユークリッド平面の場合, 軌跡は直線となる.

$$= \log\left(|l \cdot u| + \sqrt{(l \cdot u)^2 + u \cdot u}\right) - \frac{1}{2}\log(u \cdot u)$$

である．いずれの場合も，$d([l],[u]) - d([m],[u]) = \pm d$ ならば，u は

$$|l \cdot u| + \sqrt{(l \cdot u)^2 + u \cdot u} = D\left(|m \cdot u| + \sqrt{(m \cdot u)^2 + u \cdot u}\right)$$

を満たす．ここで $D = e^{\pm d}$ である．移項して，二乗して $u \cdot u$ で約すという計算を繰り返すと次の等式が得られる．

$$4D(Dl \cdot u + m \cdot u)(l \cdot u + Dm \cdot u) - (D^2 - 1)^2 u \cdot u = 0 \quad (3.1)$$

$$4D(Dl \cdot u - m \cdot u)(l \cdot u - Dm \cdot u) - (D^2 - 1)^2 u \cdot u = 0 \quad (3.2)$$

また，$d([l],[u]) + d([m],[u]) = d$ ならば，u は

$$\left(|l \cdot u| + \sqrt{(l \cdot u)^2 + u \cdot u}\right)\left(|m \cdot u| + \sqrt{(m \cdot u)^2 + u \cdot u}\right) = \pm D u \cdot u$$

を満たす．この場合，

$$\left(4D^2(l \cdot u)^2 + 4D^2(m \cdot u)^2 - (D^2 - 1)^2 u \cdot u)\right)^2$$
$$- 16D^2(D^2 + 1)^2(l \cdot u)^2(m \cdot u)^2 = 0$$

という等式が得られるが，これの左辺は (3.1) と (3.2) の左辺の積である．また，$u \in V_-$ ならば，$l \cdot u \leq -1, m \cdot u \leq -1, u \cdot u = -1$ であるから，(3.1) を満たさない．したがって，(3.1) を満たす $\bar{0}$ でない u に対して $[u]$ は P 直線または Γ 上の点である．

(I-i) $d > d([l],[m])$ の場合，二つの P 点 $[l]$ と $[m]$ からの距離の差が d となる P 点および P 直線は存在しない．また，

$$D > -l \cdot m + \sqrt{(l \cdot m)^2 - 1} \quad \text{または} \quad D < \left(-l \cdot m + \sqrt{(l \cdot m)^2 - 1}\right)^{-1}$$

であるから，

$$(Dl - m)^2 = -D^2 - 2(l \cdot m)D - 1 < 0$$

である．したがって，$[Dl - m]$ は P 点であるから，$(Dl - m) \cdot u = 0$ を満たす V_0 上の点 u が存在しない．$l - Dm$ に対しても同様である．したがって，

62   3 双曲平面上の二次曲線

(3.2) で表される V の二次曲面と V_0 は $\bar{0}$ 以外では交わらない (図 3.5 参照). この節の以下の図では, $d([l],[u])$ と $d([m],[u])$ の和 (差) が d となる V の元 u および $[u]$ を青 (赤) で表している.

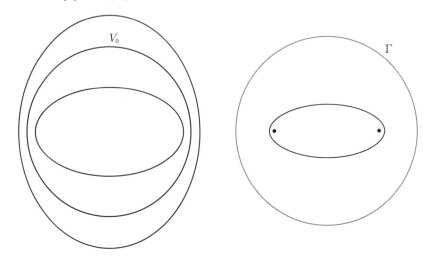

図 3.5

(I-ii) $0 < d < d([l],[m])$ の場合, 二つの P 点 $[l]$ と $[m]$ からの距離の和が d となる P 点は存在しない. また,

$$\left(-l \cdot m + \sqrt{(l \cdot m)^2 - 1}\right)^{-1} < D < -l \cdot m + \sqrt{(l \cdot m)^2 - 1}$$

であるから, $(Dl - m)^2 > 0$ である. したがって, $[Dl - m]$ は P 直線であるから, $(Dl - m) \cdot u = 0$ を満たす V_0 上の点 u が存在する. $l - Dm$ に対しても同様であるから, (3.2) で表される V の二次曲面と V_0 は四直線で交わる (図 **3.6**参照).

II $l, m \in V_+, u \in V$ のときは, $d([l],[u]) - d([m],[u]) = \pm d$, $d([l],[u]) + d([m],[u]) = d$ のいずれの場合も次の等式が得られる.

$$4D(Dl \cdot u + m \cdot u)(l \cdot u + Dm \cdot u) + (D^2 - 1)^2 u \cdot u = 0 \quad (3.3)$$

$$4D(Dl \cdot u - m \cdot u)(l \cdot u - Dm \cdot u) + (D^2 - 1)^2 u \cdot u = 0 \quad (3.4)$$

これらの等式は次のように変形できる.

3.1 二次 P 曲線とパスカルの定理   63

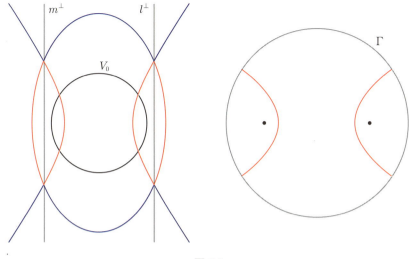

図 3.6

$$\left((D^2+1)(l\cdot u)\pm 2D(m\cdot u)\right)^2-(D^2-1)^2((l\cdot u)^2-u\cdot u)=0$$

$\bar{0}$ でない V の元 u が上の等式を満たすとき，$(l\cdot u)^2\geq u\cdot u$ であるから，定理 2.18 より，$[u]$ は $[l]$ と交わる P 直線ではない．等号が成り立つときは，$[u]$ は $[l]$ と極限平行で $[m]$ との距離が d の P 直線である．以下で，必要ならば，l を $-l$ に置き換えることにより，$l\cdot m\geq 0$ と仮定する．このとき，D の値によらず $(Dl+m)^2>0,\ (l+Dm)^2>0$ であるから，$[Dl+m],[l+Dm]$ は P 直線である．したがって，(3.3) で表される V の二次曲面と V_0 は四直線で交わる．

(II-i) $d>d([l],[m])$ の場合，

$$D>l\cdot m+\sqrt{(l\cdot m)^2-1} \quad \text{または} \quad D<\left(l\cdot m+\sqrt{(l\cdot m)^2-1}\right)^{-1}$$

であるから，$(Dl-m)^2=D^2-2(l\cdot m)D+1>0$ である．したがって，(3.4) で表される V の二次曲面も V_0 と四直線で交わる (**図 3.7** 参照).

(II-ii) $0<d<d([l],[m])$ の場合，二つの P 直線 $[l]$ と $[m]$ からの距離の和が d となる P 点は存在しない．また，(3.4) で表される V の二次曲面と V_0 は交わらない (**図 3.8** 参照).

64　3　双曲平面上の二次曲線

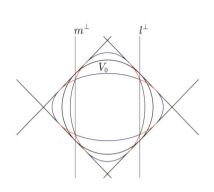
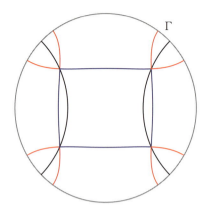

図 3.7

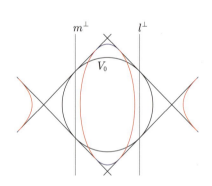
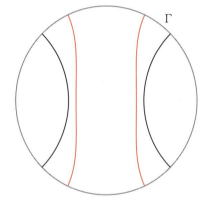

図 3.8

(II-iii)　$d([l],[m])=0$, すなわち, $[l]$ と $[m]$ が極限平行の場合は**図 3.9** のようになる.

$[l]$ と $[m]$ が交わる場合は, (II-i) と同じような図になる.

III　$l \in V_+$, $m \in V_-$, $u \in V$ のときは, $d([l],[u]) - d([m],[u]) = \pm d$, $d([l],[u]) + d([m],[u]) = d$ のいずれの場合も次の等式が得られる.

$$4D(Dl \cdot u + m \cdot u)(l \cdot u - Dm \cdot u) - (D^2+1)^2 u \cdot u = 0 \quad (3.5)$$

$$4D(Dl \cdot u - m \cdot u)(l \cdot u + Dm \cdot u) - (D^2+1)^2 u \cdot u = 0 \quad (3.6)$$

3.1 二次 P 曲線とパスカルの定理 65

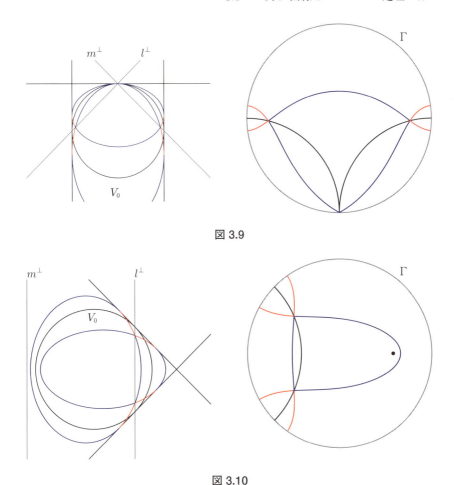

図 3.9

図 3.10

これらの等式は次のように変形できる.

$$-\bigl((D^2-1)(l\cdot u) \pm 2D(m\cdot u)\bigr)^2 + (D^2+1)^2((l\cdot u)^2 - u\cdot u) = 0$$

したがって，(3.5), (3.6) を満たす $\bar{0}$ でない u に対して $[u]$ は $[l]$ と交わる P 直線ではない．また，$(Dl\pm m)^2 = -(l\mp Dm)^2$ であるから，$D \neq \pm l\cdot m + \sqrt{(l\cdot m)^2+1}$ のとき，(3.5) または (3.6) で表される V の二次曲面と V_0 は二直線で交わる．

66　3　双曲平面上の二次曲線

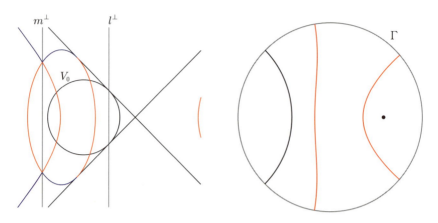

図 3.11

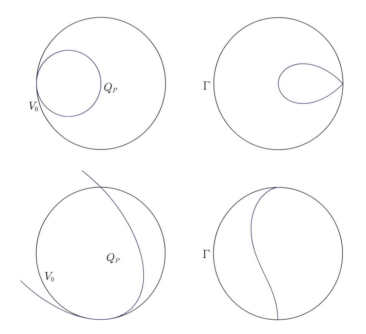

図 3.12

(III-i) $d > d([l], [m])$ の場合は図 **3.10** のようになる.

(III-ii) $0 < d < d([l], [m])$ の場合, P 直線 $[l]$ と P 点 $[m]$ からの距離の和が d となる P 点は存在しない (図 **3.11** 参照).

(III-iii) $d = 0$ の場合, $D = 1$ であるから, (3.5), (3.6) は次の等式になる.

$$(l \cdot u)^2 - (m \cdot u)^2 - u \cdot u = 0$$

上の等式を満たす $\bar{0}$ でない u に対して $[u]$ は $[l]$ と $[m]$ から等距離にある P 点または P 直線である. 特に, $m \cdot u = 0$ のときは, $[u]$ は $[m]$ を通り, $[l]$ に極限平行な P 直線である.

上記に表れたもの以外にも, 図 **3.12** のような二次 P 曲線がある.

問題 3.1 図 3.12 の二つの二次 P 曲線はどのような条件を満たす点の軌跡となりうるか.

3.2 二次P曲線の接線とプリアンションの定理

$P(x_1, x_2, x_3)$ を実係数斉次二次多項式とし, Q_P, C_P は前節と同じとする.

$$P(x_1, x_2, x_3) = \sum_{1 \leq i,j \leq 3} \alpha_{ij} x_i x_j \quad (\alpha_{ij} = \alpha_{ji})$$

とし[*18], $A_P = (\alpha_{ij})$ とすれば,

$$Q_P = \{l \in V \mid {}^t X(l) A_P X(l) = 0\} \quad (X(ax+by+c(x^2+y^2+1)) = {}^t(a, b, -4c))$$

と表せる. 以下, 対称行列 A_P の符号は $(2, 1)$ または $(1, 2)$ であると仮定する. したがって, Q_P は円錐である. l を $\bar{0}$ でない Q_P の元とし, Q_P の l での接平面を H とすれば, $\bar{0}$ でない V の元 l^* で H のすべての元 m に対して $m \cdot l^* = 0$ となるものが存在し, 同じ条件を満たす V の元は l^* の定数倍である. $l \in V_-$ のとき, $[l]$ は C_P 上の P 点であり, $l \cdot l^* = 0$ であるから, $[l^*]$ は

[*18] x_i^2 の係数が α ならば, $\alpha_{ii} = \alpha$ であり, $x_i x_j$ $(i \neq j)$ の係数が β ならば, $\alpha_{ij} = \alpha_{ji} = \frac{\beta}{2}$ である.

68   3   双曲平面上の二次曲線

$[l]$ を通る P 直線である．また，m が l の近くの $Q_P \cap V_-$ の元のとき，$m \cdot l^*$ の符号は一定であるから，$[l]$ の近くでは C_P は $[l^*]$ の片側だけにある．したがって，$[l^*]$ を C_P の $[l]$ での接線と定義してよいであろう．P^* を

$$A_{P^*} = J^{-1} A_P^{-1} J^{-1} \quad \left(J = \begin{pmatrix} 1 & 0 & 0 \\ 0 & 1 & 0 \\ 0 & 0 & -4 \end{pmatrix} \right)$$

を満たす斉次二次多項式と定義する．明らかに，$(P^*)^* = P$ が成り立つ．$\bar{0}$ でない V の元 l に対して $l^\perp = \{ m \in V \mid l \cdot m = 0 \}$ とする．

定理 3.7　V の元 l に対して l^* を $X(l^*) = J A_P X(l)$ を満たす V の元とすれば，$X(l) = J A_{P^*} X(l^*)$ であり，$l \in Q_P - \{\bar{0}\}$ ならば，$(l^*)^\perp$ は l での Q_P の接平面であり，$l \in Q_P \cap V_-$ ならば，$[l^*]$ は $[l]$ での C_P の接線である．また，$l^* \in Q_{P^*}$ となるための必要十分条件は $l \in Q_P$ となることである．

証明　$J A_{P^*} X(l^*) = J \left(J^{-1} A_P^{-1} J^{-1} \right) \left(J A_P X(l) \right) = X(l)$ である．l を Q_P の $\bar{0}$ でない元とすれば，l での Q_P の接平面上の任意の元 m に対して

$$m \cdot l^* = {}^t X(m) J^{-1} X(l^*) = {}^t X(m) A_P X(l) = 0$$

である．したがって，$(l^*)^\perp$ は l での Q_P の接平面であり，$l \in V_-$ ならば，$[l^*]$ は $[l]$ での C_P の接線である．後半の主張は

$${}^t X(l^*) A_{P^*} X(l^*) = ({}^t X(l) A_P J)(J^{-1} A_P^{-1} J^{-1})(J A_P X(l)) = {}^t X(l) A_P X(l)$$

から従う．■

問題 3.2　A_P の符号が $(2,1)$, $(1,2)$ でないとき，C_P はどのような曲線となるか．

上の定理と定理 3.3 により，既約二次 P 曲線に対してブリアンションの定理が成り立つことがわかる（**図 3.13** と **3.14** 参照）．

3.2 二次 P 曲線の接線とプリアンションの定理　69

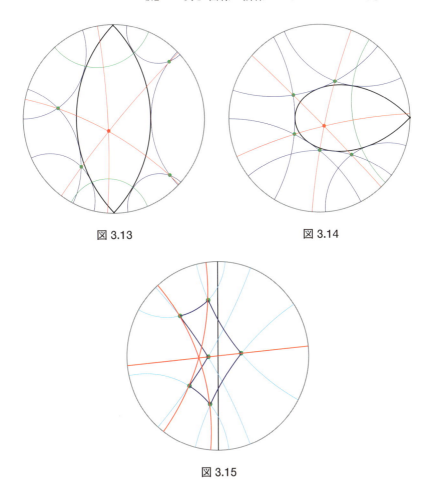

図 3.13　　　　　図 3.14

図 3.15

$l \in V_+$ とする. 定理 2.18, 2.19 により, $m^2 \neq 0$ を満たす V の元 m に対して $[m]$ が $[l]$ と角度 $\theta(\neq \frac{\pi}{2})$ で交わる P 直線であるための必要十分条件は

$$(l \cdot m)^2 - (\cos^2 \theta)m^2 = 0$$

が成り立つことである. $m = ax + by + c(x^2 + y^2 + 1)$ とすれば, 上の式は a, b, c の斉次二次式となる. したがって, 定理 3.3 により, 定 P 直線と同じ角度で交わる六つの P 直線に対してもプリアンションの定理の結論が成り立つことがわかる. すなわち, 次の定理が成り立つ.

70　3　双曲平面上の二次曲線

「六角形 $ABCDEF$ の六辺が定 P 直線と同じ角度で交われば，三本の対角線 AD, BE, CF は一点で交わるか，極限平行または平行である（図 **3.15** において六本の青い P 直線は黒い P 直線と $30°$ で交わっている）.」

3.3　ポンスレーの閉形定理

P_1, P_2 を A_{P_1}, A_{P_2} の符号が $(2,1)$ または $(1,2)$ となる実係数斉次二次多項式とし，$Q_{P_2} - \{\bar{0}\}$ が円錐

$$V_c = \{l \in V \mid l^2 < 0\}$$

に含まれているとする．このとき，C_{P_2} は閉曲線である．n を 3 以上の整数とし，$l_1, l_2, \ldots, l_n$ を $\bar{0}$ でない Q_{P_1} の元で，$l_1 * l_2, \ldots, l_{n-1} * l_n, l_n * l_1$ が $\bar{0}$ でない $Q_{P_2^*}$ の元であると仮定する．H を $Q_{P_2} \cap H$ が楕円となるような V の平面とする．このとき，$\overline{l_1}^H, \ldots, \overline{l_n}^H$ は二次曲線 $Q_{P_1} \cap H$ 上の点であり，定理 3.7 より，$(l_1 * l_2)^\perp \cap H, \ldots, (l_n * l_1)^\perp \cap H$ は $Q_{P_2} \cap H$ の接線である．ここで $\overline{l_i}^H$ は l_i と $\bar{0}$ を通る直線と H の交点である．また，2.3 節後半で見たように，$(l_i * l_{i+1})^\perp \cap H$ は $\overline{l_i}^H$ と $\overline{l_{i+1}}^H$ を通る直線である．したがって，普通の平面上のポンスレーの閉形定理より，次が成り立つ．m_1 を $Q_{P_1} \cap H$ の任意の元とするとき，Q_{P_1} の $\bar{0}$ でない元 $m_2, \ldots, m_n$ で $m_1 * m_2, \ldots, m_{n-1} * m_n$, $m_n * m_1$ が $\bar{0}$ でない $Q_{P_2^*}$ の元となるものが存在する．仮定 $Q_{P_2} - \{\bar{0}\} \subset V_C$ より，$[m_i * m_{i+1}]$ は C_{P_2} の接線である．$m_i^2 < 0$ ならば，$[m_i]$ は C_{P_1} 上の P 点である．$m_i^2 > 0$ ならば，$[m_i]$ は P 直線であり，$[m_i^*]$ が P 点ならば，そこでの $C_{P_1^*}$ の接線である．したがって，Q_{P_1} が $\overline{V_c}$ に含まれているならば，双曲平面上のポンスレーの閉形定理となり（図 **3.16**），$Q_{P_1^*}$ が $\overline{V_c}$ に含まれているならば，次の定理が得られる（図 **3.17**）.

「$L_1, \ldots, L_n$ は二次 P 曲線 C の接線であり，$L_1', \ldots, L_n'$ は二次 P 曲線 C' の接線であるとする．さらに，L_i と L_i', L_i' と L_{i+1}（$L_{n+1} = L_1$）は直交しているとする．このとき，C の任意の接線 M_1 に対して C の接線 $M_2, \ldots, M_n$ と C' の接線 $M_1', \ldots, M_n'$ が存在して M_i と M_i', M_i' と M_{i+1}（$M_{n+1} = M_1$）は直交している.」

3.3 ポンスレーの閉形定理 71

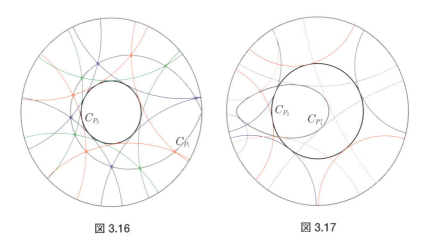

図 3.16   図 3.17

4 双曲平面の多角形による敷き詰め

この章では,一つの凸多角形に合同なもので双曲平面をすき間なく,しかも重ならないように敷き詰めることを考える.ただし,普通の平面の場合でも特別の条件なしでは,三角形,四角形に限定しても,無限に多くの敷き詰め方がある.そこで,ここでは次の条件を満たすものだけを考える[*19].

(対称性条件) 一つの多角形の各辺に他の多角形の接する仕方は全ての多角形で同じである.

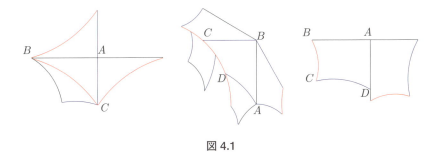

図 4.1

図 4.1 (左) では,三角形の各辺に,その辺を軸として裏返したものが接している.図 4.1 (中) では,二辺 BC と DA の長さが等しく,$\angle C + \angle D = \pi$ を満たす四角形 $ABCD$ に対して,辺 AB には,その辺の中点を中心に 180° 回転したものが接し,辺 BC には,CD の中点を中心に 180° 回転し,次に,元の C を中心に 180° 回転することにより,元の四角形の辺 AD が重なるように接し,辺 CD には CD を軸に裏返してから CD に沿ってずらし (CD 上のある点を中心に 180° 回転するという操作を二回続けて行ってできる) たものが接し

[*19] 双曲平面へ作用するある離散群の基本領域となる多角形ということができる.

ている．このとき，対称性条件を満たすためには，頂点 C または D が元の辺 CD の中点にくるようにずらさなければならない．このような辺の接し方を表すために次のような記号を用いることにする．同じ長さの辺 VW と XY が頂点 V, W がそれぞれ X, Y に重なるように接するときは $VW \leftrightarrow XY$ と書き，頂点がずれて重なるときは $VW \nleftrightarrow XY$ と書くことにする．また，長さの異なる辺 VW と XY が頂点 V に X が重なるように接するとき，$VW \rightsquigarrow XY$ と書くことにする．図 4.1 (左) の例では

$$AB \leftrightarrow AB, \quad BC \leftrightarrow BC, \quad CA \leftrightarrow CA$$

であり，図 4.1 (中) の例では

$$AB \leftrightarrow BA, \quad BC \leftrightarrow AD, \quad CD \nleftrightarrow CD$$

であり，図 4.1 (右) の例では，$AB \rightsquigarrow AD$ である．

以下は，三角形と四角形に対して，各辺での他の多角形との接し方を決めたときに，対称性条件を満たすように双曲平面を敷き詰められるために，多角形の角が満たすべき必要条件である．その理由は難しくないので読者に考えてもらいたい．

三角形の場合，次の 8 通りが考えられる．

I $AB \leftrightarrow AB, BC \leftrightarrow BC, CA \leftrightarrow CA$ (**図 4.2**)
$\angle A = \frac{\pi}{l}$, $\angle B = \frac{\pi}{m}$, $\angle C = \frac{\pi}{n}$, l, m, n は 2 以上の整数である．

II $AB \leftrightarrow BA, BC \leftrightarrow BC, CA \leftrightarrow CA$ (**図 4.3**，青い辺が AB)
$\angle A + \angle B = \frac{\pi}{l}$, $\angle C = \frac{\pi}{m}$, l, m は 2 以上の整数である．

III $AB \leftrightarrow BA, BC \leftrightarrow CB, CA \leftrightarrow CA$ (**図 4.4**，青い辺が CA)
$\angle A + \angle B + \angle C = \frac{\pi}{m}$, m は 2 以上の整数である．

IV $AB \leftrightarrow BA, BC \leftrightarrow CB, CA \leftrightarrow AC$ (**図 4.5**)
$\angle A + \angle B + \angle C = \frac{2\pi}{m}$, m は 3 以上の整数である．

V $AB \leftrightarrow AC, BC \leftrightarrow CB$ (**図 4.6**)
$\angle A = \frac{2\pi}{l}$, $\angle B = \angle C = \frac{\pi}{m}$, l, m は 3 以上の整数である．

VI $AB \leftrightarrow AC, BC \leftrightarrow BC$

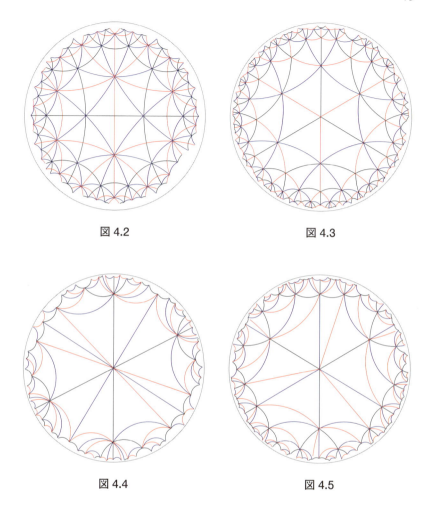

図 4.2　　　　　　　　　　　図 4.3

図 4.4　　　　　　　　　　　図 4.5

$\angle A = \frac{2\pi}{l}$, $\angle B = \angle C = \frac{\pi}{2m}$, l は 3 以上, m は 2 以上の整数である．図柄は V (図 4.6) と同じになる．

VII　　$AB \leftrightarrow CA, BC \leftrightarrow CB$

$\angle A + \angle B + \angle C = \frac{2\pi}{m}$, m は 3 以上の整数である．図柄は IV (図 4.5) と同じになる．

VIII　　$AB \leftrightarrow CA, BC \leftrightarrow BC$

$\angle A + \angle B + \angle C = \frac{\pi}{m}$, m は 2 以上の整数である．図柄は III (図 4.4) と同

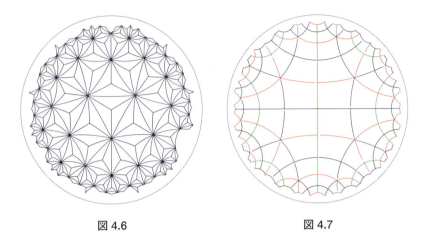

図 4.6　　　　　　　　　図 4.7

じになる．

　注　$AB = BC = CA$, $\angle A = \angle B = \angle C = \frac{2\pi}{7}$ の三角形は双曲平面を敷き詰められる (図 4.6 の青い線) が，対称性条件を満たす敷き詰め方はできない．

四角形の場合，次の 39 通りが考えられる．

　I　$AB \leftrightarrow AB, BC \leftrightarrow BC, CD \leftrightarrow CD, DA \leftrightarrow DA$ (**図 4.7**)
$\angle A = \frac{\pi}{k}, \angle B = \frac{\pi}{l}, \angle C = \frac{\pi}{m}, \angle D = \frac{\pi}{n}$, k, l, m, n は 2 以上の整数である．

　II　$AB \leftrightarrow BA, BC \leftrightarrow BC, CD \leftrightarrow CD, DA \leftrightarrow DA$ (**図 4.8**, 赤い辺が AB)
$\angle A + \angle B = \frac{\pi}{l}, \angle C = \frac{\pi}{m}, \angle D = \frac{\pi}{n}$, l は 1 以上の整数，m, n は 2 以上の整数である．

　III　$AB \leftrightarrow BA, BC \leftrightarrow CB, CD \leftrightarrow CD, DA \leftrightarrow DA$ (**図 4.9**, 赤，緑の辺がそれぞれ AB, BC)
$\angle A + \angle B + \angle C = \frac{\pi}{l}, \angle D = \frac{\pi}{m}$, l は 1 以上の整数，m は 2 以上の整数である．

　IV　$AB \leftrightarrow BA, BC \leftrightarrow BC, CD \leftrightarrow DC, DA \leftrightarrow DA$ (**図 4.10**)
$\angle A + \angle B = \frac{\pi}{l}, \angle C + \angle D = \frac{\pi}{m}$, l, m は 1 以上の整数である．

　V　$AB \leftrightarrow BA, BC \leftrightarrow CB, CD \leftrightarrow DC, DA \leftrightarrow DA$
$\angle A + \angle B + \angle C + \angle D = \frac{\pi}{l}$, l は 1 以上の整数である．

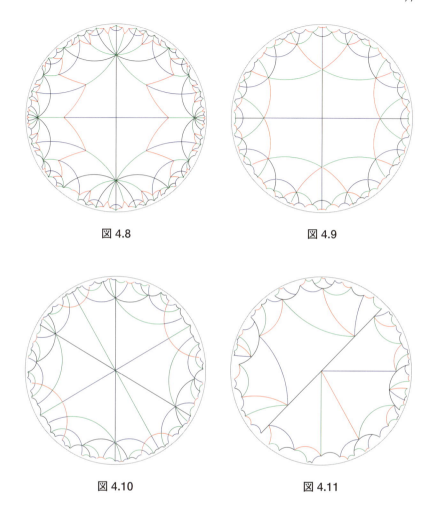

図 4.8　　　　　　　　　　図 4.9

図 4.10　　　　　　　　　図 4.11

VI　$AB \leftrightarrow BA, BC \leftrightarrow CB, CD \leftrightarrow DC, DA \leftrightarrow DA$ (図 **4.11**，黒い辺が DA)

$\angle A + \angle B + \angle C + \angle D = \pi$.

VII　$AB \leftrightarrow BA, BC \leftrightarrow CB, CD \leftrightarrow DC, DA \leftrightarrow AD$

$\angle A + \angle B + \angle C + \angle D = \frac{2\pi}{l}$, l は 2 以上の整数である.

VIII　$AB \leftrightarrow BA, BC \leftrightarrow CB, CD \leftrightarrow DC, DA \leftrightarrow AD$ (図 **4.12**)

$\angle A + \angle B + \angle C + \angle D = \pi$.

78　4　双曲平面の多角形による敷き詰め

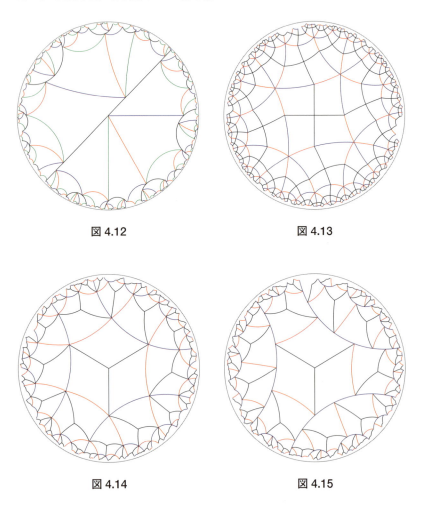

図 4.12　　　　　　　　図 4.13

図 4.14　　　　　　　　図 4.15

IX　$AB \leftrightarrow AD, BC \leftrightarrow BC, CD \leftrightarrow CD$ (図 **4.13**，黒い辺が AB と AD)
$\angle A = \frac{2\pi}{l}, \angle B + \angle D = \frac{\pi}{m}, \angle C = \frac{\pi}{n}$　l, m, n はそれぞれ 3, 1, 2 以上の整数である．

X　$AB \leftrightarrow AD, BC \leftrightarrow BC, CD \leftrightarrow DC$ (図 **4.14**)
$\angle A = \frac{2\pi}{l}, \angle B + \angle C + \angle D = \frac{\pi}{m}$，　l は 3 以上の整数，m は 1 以上の整数である．

XI　$AB \leftrightarrow AD, BC \leftrightarrow BC, CD \leftrightarrow DC$ (図 **4.15**，青い辺が BC)

$\angle A = \frac{2\pi}{l}$, $\angle B + \angle C + \angle D = \pi$, l は 3 以上の整数である.

XII $AB \leftrightarrow AD, BC \leftrightarrow CB, CD \leftrightarrow DC$ (図 **4.16**, 黒い辺が AB と AD)

$\angle A = \frac{2\pi}{l}$, $\angle B + \angle C + \angle D = \frac{2\pi}{m}$, l は 3 以上の整数, m は 2 以上の整数である.

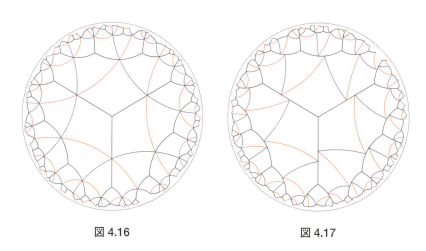

図 4.16　　　　　図 4.17

XIII $AB \leftrightarrow AD, BC \leftrightarrow CB, CD \leftrightarrow DC$

$\angle A = \frac{2\pi}{l}$, $\angle B + \angle C + \angle D = \pi$, l は 3 以上の整数である.

XIV $AB \leftrightsquigarrow AD, BC \leftrightarrow CB, CD \leftrightarrow DC$ (図 **4.17**, 黒い辺が AB と AD)

$\angle A = \frac{2\pi}{l}$, $\angle B + \angle C + \angle D = \pi$, l は 3 以上の整数である.

XV $AB \leftrightarrow AD, CB \leftrightarrow CD$ (図 **4.18**)

$\angle A = \frac{2\pi}{l}$, $\angle C = \frac{2\pi}{m}$, $\angle B + \angle D = \frac{2\pi}{n}$, l, m は 3 以上の整数, n は 2 以上の整数である.

XVI $AB \leftrightarrow AD, CB \leftrightsquigarrow CD$ (図 **4.19**)

$\angle A = \frac{2\pi}{l}$, $\angle C = \frac{2\pi}{m}$, $\angle B + \angle D = \pi$, l, m は 3 以上の整数である.

XVII $AB \leftrightarrow AD, CB \leftrightsquigarrow DC$ (図 **4.20**)

$\angle A = \frac{2\pi}{l}$, $\angle B + \angle C + \angle D = \pi$, l は 3 以上の整数である.

XVIII $AB \leftrightarrow AD, BC \leftrightarrow CD$

$\angle A = \frac{2\pi}{l}$, $\angle B + \angle C + \angle D = \frac{2\pi}{m}$, l, m は 3 以上の整数である. 図柄は X

80   4 双曲平面の多角形による敷き詰め

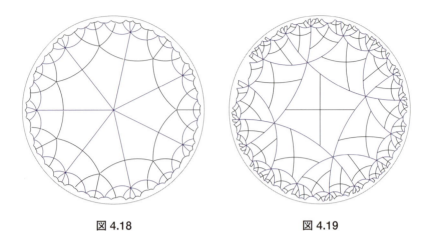

図 4.18　　　　　　　　図 4.19

(図 4.14) と同じになる.

XIX　$AB \leftrightarrow DA, BC \leftrightarrow CB, CD \leftrightarrow DC$ (**図 4.21**, 黒い辺が AB と AD)

$\angle A + \angle B + \angle C + \angle D = \frac{2\pi}{m}$, 　m は 2 以上の整数である.

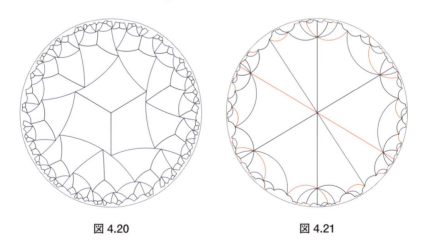

図 4.20　　　　　　　　図 4.21

XX　$AB \leftrightarrow DA, BC \leftrightarrow CB, CD \leftrightarrow CD$ (**図 4.22**, 黒い辺が AB と AD)
$\angle A + \angle B + \angle C + \angle D = \frac{\pi}{m}$, 　m は 1 以上の整数である.

XXI　$AB \leftrightarrow DA, BC \leftrightarrow BC, CD \leftrightarrow CD$ (**図 4.23**, 黒い辺が AB と

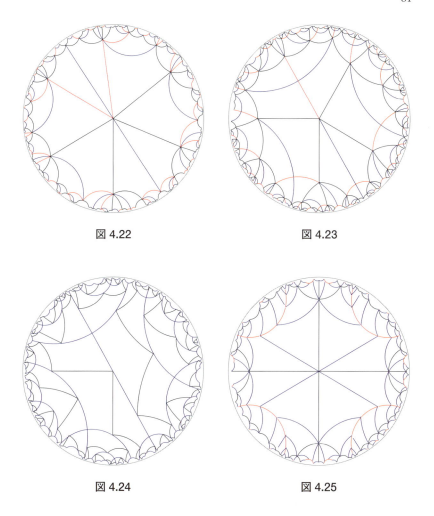

図 4.22 図 4.23

図 4.24 図 4.25

AD)

$\angle C = \frac{\pi}{l}$ $\angle A + \angle B + \angle D = \frac{\pi}{m}$, l は 2 以上の整数, m は 1 以上の整数である.

XXII $AB \leftrightarrow DA, BC \leftrightarrow CD$

$\angle A + \angle B + \angle C + \angle D = \frac{2\pi}{m}$, m は 3 以上の整数である. 図柄は VII と同じになる.

XXIII $AB \leftrightarrow DA, CB \looparrowleft CD$ (図 4.24)

82   4 双曲平面の多角形による敷き詰め

$\angle C = \frac{2\pi}{l}$ $\angle A + \angle B + \angle D = \pi$, l は 3 以上の整数である.

XXIV　$AB \leftrightarrow DC, BC \leftrightarrow BC, DA \leftrightarrow DA$ (図 4.25, 青い辺が AB と CD)

$\angle A + \angle D = \frac{\pi}{l}, \angle B + \angle C = \frac{\pi}{m}$, l, m は 1 以上の整数である.

XXV　$AB \leftrightarrow DC, BC \leftrightarrow CB, DA \leftrightarrow DA$ (図 4.26, 赤い辺が BC)

$\angle A + \angle D = \frac{\pi}{l}, \angle B + \angle C = \frac{2\pi}{m}$, l は 1 以上の整数, m は 2 以上の整数である.

XXVI　$AB \leftrightarrow DC, BC \leftrightarrow CB, DA \leftrightarrow AD$ (図 4.27)

$\angle A + \angle D = \frac{2\pi}{l}, \angle B + \angle C = \frac{2\pi}{m}$, l, m は 2 以上の整数である.

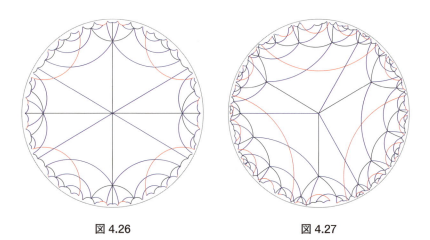

図 4.26　　　　　　　　　図 4.27

XXVII　$AB \leftrightarrow DC, BC \leftrightarrow BC, DA \not\leftrightarrow DA$ (図 4.28)

$\angle A + \angle D = \pi, \angle B + \angle C = \frac{\pi}{m}$, m は 2 以上の整数である.

XXVIII　$AB \leftrightarrow DC, BC \leftrightarrow CB, DA \not\leftrightarrow DA$

$\angle A + \angle D = \pi, \angle B + \angle C = \frac{2\pi}{m}$, m は 3 以上の整数である.

XXIX　$AB \leftrightarrow DC, BC \not\leftrightarrow CB, DA \leftrightarrow DA$

$\angle A + \angle D = \frac{\pi}{l}, \angle B + \angle C = \pi$, l は 2 以上の整数である.

XXX　$AB \leftrightarrow DC, BC \not\leftrightarrow CB, DA \leftrightarrow AD$ (図 4.29)

$\angle A + \angle D = \frac{2\pi}{l}, \angle B + \angle C = \pi$, l は 3 以上の整数である.

XXXI　$AB \leftrightarrow DC, BC \leftrightarrow AD$

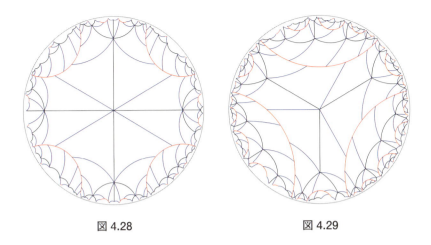

図 4.28　　　　　　　　　図 4.29

$\angle A = \angle C$, $\angle B = \angle D$, $\angle A + \angle D = \frac{\pi}{l}$, l は 2 以上の整数である.

XXXII　$AB \leftrightarrow DC$, $BC \leftrightarrow DA$

$\angle A = \angle C$, $\angle B = \angle D$, $\angle A + \angle B = \frac{\pi}{2l}$, l は 1 以上の整数である.

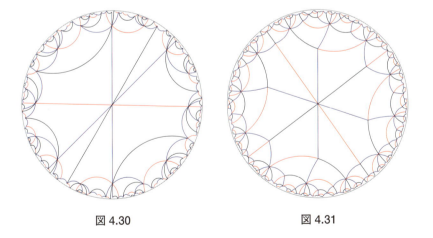

図 4.30　　　　　　　　　図 4.31

XXXIII　$AB \leftrightarrow CD$, $BC \leftrightarrow CB$, $DA \leftrightarrow AD$ (図 **4.30**)

$\angle A + \angle B + \angle C + \angle D = \frac{2\pi}{l}$, l は 2 以上の整数である.

XXXIV　$AB \leftrightarrow CD$, $BC \leftrightarrow BC$, $DA \leftrightarrow AD$

$\angle A + \angle B + \angle C + \angle D = \frac{\pi}{l}$, l は 1 以上の整数である.

XXXV $AB \leftrightarrow CD, BC \leftrightarrow BC, DA \leftrightarrow DA$ (図 4.31)
$\angle A + \angle C = \frac{\pi}{l}, \angle B + \angle D = \frac{\pi}{m}$, l, m は 1 以上の整数である.

XXXVI $AB \leftrightarrow CD, BC \leftrightarrow DA$
$\angle A = \angle C = \frac{\pi}{l}, \angle B = \angle D = \frac{\pi}{m}$ l, m は 2 以上の整数である. 図柄は XXXV (図 4.31) と同じになる.

XXXVII $AB \leftrightarrow CD, BC \rightsquigarrow DA$ (図 4.32)
$\angle A + \angle C = \frac{\pi}{l}, \angle B + \angle D = \pi$ l は 2 以上の整数である.

XXXVIII $AB \rightsquigarrow DC, BC \leftrightarrow CB, DA \leftrightarrow AD$ (図 4.33)
$\angle B + \angle C = \pi, \angle A + \angle D = \frac{2\pi}{l}$, l は 3 以上の整数である.

XXXIX $AB \rightsquigarrow DC, BC \leftrightarrow CB, DA \leftrightarrow DA$
$\angle B + \angle C = \pi, \angle A + \angle D = \frac{\pi}{l}$, l は 2 以上の整数である.

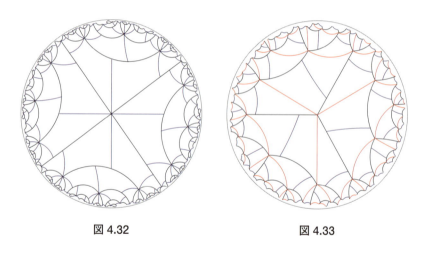

図 4.32　　　　　　　　図 4.33

問題 4.1 上記の四角形, 特に, 下記の条件を満たすものを作るにはどうしたらよいか.

(i) 線分 AB, $\angle A$, $\angle B$ が与えられているとき, $AB = AD, \angle B + \angle D = \pi$ を満たすもの.

(ii) 線分 AB, $\angle A$, $\angle B$ が与えられているとき, $\angle B + \angle C + \angle D = \pi$ を満たすもの.

(iii) 線分 AB, $\angle A$, $\angle B$ が与えられているとき, $AD = BC, \angle C + \angle D = \pi$

を満たすもの.

(iv) $\angle A$, $\angle C$ が与えられているとき, $AD = BC$, $\angle B + \angle D = \pi$ を満たすもの.

(v) $\angle A + \angle B + \angle C + \angle D = \pi$ を満たすもの.

5 三次元以上の双曲空間

5.1 P点とP超平面

第2章の話は一般次元でもほぼ同じように展開できる. n 次元ユークリッド空間 $\mathbf{R}^n$ 内の

$$x_1^2 + x_2^2 + \cdots + x_n^2 = 1$$

で定義される $n-1$ 次元球面を Γ とし, 球の内部を Δ とする. P点とは Δ の点であり, P超平面とは原点を通る超平面[20], または Γ に直交する $n-1$ 次元球面の Δ に含まれる部分である. 以下の補題, 定理で2章と同様にできる証明は省略する.

補題 5.1 P超平面の定義式は $x_1^2 + x_2^2 + \cdots + x_n^2 + 1, x_1, \ldots, x_n$ の一次結合である. また, $a_0, a_1, \ldots, a_n$ を $a_1^2 + a_2^2 + \cdots + a_n^2 - 4a_0^2 > 0, a_0 \neq 0$ を満たす実数とするとき,

$$a_1 x_1 + \cdots + a_n x_n + a_0(x_1^2 + x_2^2 + \cdots + x_n^2 + 1) = 0$$

で表される $n-1$ 次元球面の中心と半径はそれぞれ

$$\left(\frac{-a_1}{2a_0}, \frac{-a_2}{2a_0}, \cdots, \frac{-a_n}{2a_0}\right), \qquad \sqrt{\frac{a_1^2 + a_2^2 + \cdots + a_n^2 - 4a_0^2}{4a_0^2}}$$

である.

$$V = \{a_0(x_1^2 + x_2^2 + \cdots + x_n^2 + 1) + a_1 x_1 + \cdots + a_n x_n \mid a_0, a_1, \ldots, a_n \in \mathbf{R}\}$$

---

[20] $\mathbf{R}^n$ 内の超平面とは一次式 $a_1 x_1 + a_2 x_2 + \cdots + a_n x_n + a_0 = 0$ の零点集合のことである.

とし，$x_1^2 + \cdots + x_n^2 + 1$, $x_1, \ldots, x_n$ の係数がすべて 0 の V の元を $\bar{0}$ で表す，すなわち，

$$\bar{0} = 0(x_1^2 + \cdots + x_n^2 + 1) + 0x_1 + \cdots + 0x_n$$

とする．

定義（擬内積）　$l_i = a_{i0}(x_1^2 + \cdots + x_n^2 + 1) + a_{i1}x_1 + \cdots + a_{in}x_n \in V$
$(i = 1, 2)$ に対して

$$l_1 \cdot l_2 = a_{11}a_{21} + a_{12}a_{22} + \cdots + a_{1n}a_{2n} - 4a_{10}a_{20}, \qquad l_1^2 = l_1 \cdot l_1$$

とする．

l を $\bar{0}$ でない V の元とする．$l^2 > 0$ ならば $l = 0$ で表される超平面または $n - 1$ 次元球面の Δ に含まれる部分は P 超平面である．$l^2 \leq 0$ のときは，以下のように l に対して P 点または Γ 上の点を対応させる．

$$l = a_0(x_1^2 + x_2^2 + \cdots + x_n^2 + 1) + a_1x_1 + \cdots + a_nx_n$$

とするとき $a_1^2 + a_2^2 + \cdots + a_n^2 > 0$ ならば

$$P_l = \frac{-2a_0 \pm \sqrt{4a_0^2 - a_1^2 - \cdots - a_n^2}}{a_1^2 + \cdots + a_n^2}(a_1, a_2, \ldots, a_n)$$

$$\left(\pm = \left\{ \begin{array}{ll} + & a_0 > 0 \text{ のとき} \\ - & a_0 < 0 \text{ のとき} \end{array} \right. \right)$$

とし，$a_1 = a_2 = \cdots = a_n = 0$ ならば $P_l = (0, 0, \ldots, 0)$ とする．このとき，$l^2 = 0$ ならば，$P_l \in \Gamma$ であり，$l^2 < 0$ ならば，$P_l \in \Delta$ である．

定義　$l \in V, l \neq \bar{0}$ に対して

$$[l] = \left\{ \begin{array}{ll} l = 0 \text{ で表される P 超平面} & l^2 > 0 \text{ のとき} \\ P_l & l^2 \leq 0 \text{ のとき} \end{array} \right.$$

とする．

5.1 P 点と P 超平面 89

定理 5.2 $l \in V$, $l \neq \bar{0}$, $l^2 \leq 0$ とする. $l \cdot m = 0$ となるすべての $m \in V$ に対して $m(P_l) = 0$ となる.

l を $\bar{0}$ でない V の元, t を 0 でない実数とすれば, 明らかに $[l] = [tl]$ である. 逆に, l_1, l_2 が $\bar{0}$ でない V の元で, $[l_1] = [l_2]$ ならば, $l_2 = tl_1$ となる 0 でない実数 t が存在する.

定理 5.3 $l_1, l_2 \in V$, $l_1^2 > 0$, $l_2^2 > 0$ のとき, $[l_1]$ と $[l_2]$ が直交するための必要十分条件は $l_1 \cdot l_2 = 0$ となることである.

$l_1, l_2 \in V$, $l_1 \neq \bar{0}$, $l_2 \neq \bar{0}$ とするとき, $l_1 \cdot l_2 = 0$ ならば, 上の二つの定理より, 次のいずれかが成り立つ.

(i) $[l_1]$ と $[l_2]$ は互いに直交する P 超平面である.

(ii) $[l_i]$ は P 超平面であり, $[l_j]$ は $[l_i]$ 上の P 点または Γ 上の点である ($\{i, j\} = \{1, 2\}$).

(iii) $[l_1] = [l_2]$ は Γ 上の点である.

定義 (擬外積) $l_i = a_{i0}(x_1^2 + \cdots + x_n^2 + 1) + a_{i1}x_1 + \cdots + a_{in}x_n \in V$ ($i = 1, 2, \ldots, n$) に対して

$$l_1 * l_2 * \cdots * l_n = A_0(x_1^2 + x_2^2 + \cdots + x_n^2 + 1) + 4A_1x_1 - 4A_2x_2 + \cdots + (-1)^{n+1}4A_nx_n$$

とする. ここで, A_i は

$$\begin{pmatrix} a_{10} & a_{11} & \cdots & a_{1n} \\ a_{20} & a_{21} & \cdots & a_{2n} \\ \vdots & \vdots & & \vdots \\ a_{n0} & a_{n1} & \cdots & a_{nn} \end{pmatrix}$$

の第 $i + 1$ 列を取り除いてできる n 次正方行列の行列式である.

$*$ の性質 : $l_1, l_2, \ldots, l_n, l_1'$ を $\bar{0}$ でない V の元とし, c, c' を実数とするとき, 次の (i) - (v) が成り立つことは行列式の性質よりすぐにわかる.

90　5　三次元以上の双曲空間

(i) $(i_1, i_2, \ldots, i_n)$ が $(1, 2, \ldots, n)$ の置換のとき,

$$l_{i_1} * l_{i_2} * \cdots * l_{i_n} = \mathrm{sgn}(i_1, i_2, \ldots, i_n) l_1 * l_2 * \cdots * l_n$$

$$(\Longrightarrow \ [l_{i_1} * l_{i_2} * \cdots * l_{i_n}] = [l_1 * l_2 * \cdots * l_n])$$

(ii) $l_1, l_2, \ldots, l_n$ は線形従属 $\Longleftrightarrow l_1 * l_2 * \cdots * l_n = \bar{0}$

(iii) $(cl_1 + c'l_1') * l_2 * \cdots * l_n = cl_1 * l_2 * \cdots * l_n + c'l_1' * l_2 * \cdots * l_n$

(iv) $(l_1 * l_2 * \cdots * l_n) \cdot l_i = 0 \ \ (i = 1, 2, \ldots, n)$

(v) $l_1' \cdot (l_1 * l_2 * \cdots * l_n) = -l_1 \cdot (l_1' * l_2 * \cdots * l_n) = -l_2 \cdot (l_1 * l_1' * l_3 * \cdots * l_n) = -l_n \cdot (l_1 * \cdots * l_{n-1} * l_1')$

$l_1, l_2, \ldots, l_n$ を線形独立な V の元とし, $m = l_1 * l_2 * \cdots * l_n$ とするとき, 上の (iv) と定理 5.2, 5.3 より, 次のことがわかる. $[m]$ が P 点のときは, $[l_i]$ は $[m]$ を通る P 超平面である. $[m]$ が P 超平面のときは, $[l_i]$ は $[m]$ に直交する P 超平面か $[m]$ 上の P 点または Γ 上の点である.

定理 5.4　V の $n+1$ 個の元 $l_0, l_1, \ldots, l_n$ が線形従属であるための必要十分条件は $m \cdot l_0 = m \cdot l_1 = \cdots = m \cdot l_n = 0$ を満たす $\bar{0}$ でない V の元 m が存在することである.

5.2　デザルグの定理

デザルグの定理をユークリッド空間で考えると証明が簡単になることは容易にわかるが, 三次元以上の双曲空間でもデザルグの定理が簡単に証明できる.

定理 5.5　k を 3 以上 $n+1$ 以下の自然数とし, $l_1, \ldots, l_k, m_1, \ldots, m_k$ を $[l_i] \neq [m_i]$ を満たす $\bar{0}$ でない V の元とする. $\bar{0}$ でない V の元 p が存在して, すべての $i = 1, 2, \ldots, k$ に対して l_i, m_i, p が線形従属かつ $[p] \neq [l_i]$, $[p] \neq [m_i]$ となるならば, $l_i, l_j, r_{i,j}$ と $m_i, m_j, r_{i,j}$ がともに線形従属となる $\bar{0}$ でない V の元 $r_{i,j}$ が存在し, すべての $r_{i,j}$ は V の $k-1$ 次元部分空間に含まれる.

5.2 デザルグの定理 91

証明 $m_i = l_i + t_i p$ となる 0 でない実数 t_i が存在すると仮定してよい. $r_{i,j} = t_j l_i - t_i l_j$ とおけば, $t_j m_i - t_i m_j = r_{i,j}$ である. また,

$$t_i r_{j,h} + t_j r_{h,i} + t_h r_{i,j} = \bar{0}$$

である. 以下, 後半を帰納法により証明する. $r_{1,2}, r_{2,3}, r_{3,1}$ は線形従属であるから, $k = 3$ のときは, 定理は正しい.

次に, $k > 3$ とする. 帰納法の仮定より, $\{r_{i,j} \mid 1 \le i < j \le k-1\}$ を含む $k-2$ 次元部分空間 H_1 が存在する. H_1 と $r_{1,k}$ を含む V の部分空間 H の次元は $k-1$ 以下である. また, 任意の $1 < i < k$ に対して $r_{i,k} = -\frac{t_k}{t_1} r_{1,i} + \frac{t_i}{t_1} r_{1,k} \in H$ である. ∎

デザルグの定理の三次元以上への拡張として次が成り立つ.

系 5.6 $l_1, \ldots, l_{n+1}, m_1, \ldots, m_{n+1}$ を $[l_i] \ne [m_i]$ を満たす V の元とする. $\bar{0}$ でない V の元 p が存在して, すべての $i = 1, 2, \ldots, n+1$ に対して l_i, m_i, p が線形従属かつ $[p] \ne [l_i]$, $[p] \ne [m_i]$ となるならば, $\bar{0}$ でない V の元 q が存在して, すべての $i = 1, 2, \ldots, n+1$ に対して $l_1 * \cdots * \overset{\vee}{l_i} * \cdots * l_{n+1}$, $m_1 * \cdots * \overset{\vee}{m_i} * \cdots * m_{n+1}, q$ が線形従属となる.

証明 定理 5.5 より, $\bar{0}$ でない V の元 q が存在して, すべての $1 \le i < j \le n+1$ に対して $q \cdot r_{i,j} = 0$ となる. 以下, $i = 1, \ldots, n$ の場合も全く同様に証明できるので, $i = n+1$ の場合だけ証明する. 定理 5.5 の証明で見たように, $r_{i,j} = t_j l_i - t_i l_j = t_j m_i - t_i m_j$ と表せるから, $*$ の性質 (iv) より, すべての $1 \le i < j \le n$ に対して $(l_1 * l_2 * \cdots * l_n) \cdot r_{i,j} = (m_1 * m_2 * \cdots * m_n) \cdot r_{i,j} = 0$ となる. $l_1 * l_2 * \cdots * l_n \ne \bar{0}$ ならば, $l_1, l_2, \ldots, l_n$ は線形独立だから, $\{r_{i,j} \mid 1 \le i < j \le n\}$ で張られる V の部分空間は $n-1$ 次元である. したがって, $l_1 * l_2 * \cdots * l_n, m_1 * m_2 * \cdots * m_n, q$ は V の二次元部分空間に含まれるから, 線形従属である. ∎

二つの相異なる P 点 $[l]$, $[m]$ に対して $[l]$ と $[m]$ を通るすべての P 超平面の

交わりを P 直線 $[l][m]$ と定義する. $[l][m]$ 上の P 点の集合は

$$\{[sl+tm] \mid s,t \in \mathbf{R}, (sl+tm)^2 < 0\}$$

である. P 直線 L と P 超平面 α が直交するとは L を含む任意の超平面と α が直交することである. $[l]$ が P 点で $[m]$ が P 超平面ならば, $l \cdot p_i = m \cdot p_i = 0$ となる $n-1$ 個の線形独立な V の元 $p_1, p_2, \ldots, p_{n-1}$ が存在して, $[l]$ から $[m]$ へ下ろした垂線は $[p_1] \cap [p_2] \cap \cdots \cap [p_{n-1}]$ である.

上の系において $[l_i]$, $[m_i]$ がすべて P 点の場合を考える. $[p]$ が P 点であるか P 超平面であるかに応じて, P 直線 $[l_i][m_i]$ は一 P 点で交わるか一 P 超平面に直交する. $[q]$ が P 超平面ならば, 二つの P 超平面 $[l_1 * \cdots * \overset{\vee}{l_i} * \cdots * l_{n+1}]$ と $[m_1 * \cdots * \overset{\vee}{m_i} * \cdots * m_{n+1}]$ の交わりが, $[q]$ に含まれるか, 両超平面に直交する P 直線が $[q]$ にも直交する. $[q]$ が P 点ならば, 上の二つの P 超平面は交わらず, 両超平面に直交する P 直線が $[q]$ を通る.

$[l_i]$ が P 点であり, $[m_i]$ が P 超平面で, どの n 個も一点で交わるとき, 次の定理が得られる.

「二つの単体 $A_0 A_1 \cdots A_n$, $B_0 B_1 \cdots B_n$ において A_i から $B_0 B_1 \cdots \overset{\vee}{B_i} \cdots B_n$ へ下ろした $n+1$ 本の垂線が一点で交わるか同一超平面に直交するならば, B_i から $A_0 A_1 \cdots \overset{\vee}{A_i} \cdots A_n$ へ下ろした $n+1$ 本の垂線も一点で交わるか同一超平面に直交する.」

5.3　外心, 内心, 傍心, 重心

双曲平面のときと同様に, 次の V の部分集合を考える.

$$V_+ = \{l \in V \mid l^2 = 1\}$$
$$V_- = \{l = a_0(x_1^2 + x_2^2 + \cdots + x_n^2 + 1) + a_1 x_1 + \cdots + a_n x_n \in V \mid$$
$$l^2 = -1, a_0 > 0\}$$

$l_1, l_2 \in V_-$ とし, c_1, c_2 を 0 でない実数とするとき, $l_1 \cdot m = l_2 \cdot m = 0$ となる V の任意の元 m に対して $(c_1 l_1 + c_2 l_2) \cdot m = 0$ となるから, $[c_1 l_1 + c_2 l_2]$ は P 直線 $[l_1][l_2]$ に直交する P 超平面か $[l_1][l_2]$ 上の P 点または Γ 上の点である.

定理5.7 $l_1, l_2 \in V_-$ のとき, $[l_1+l_2]$ は P 線分 $[l_1][l_2]$ の中点であり, $[l_1-l_2]$ は $[l_1][l_2]$ の垂直二等分面である.

次の定理は $*$ の性質 (iv), (v) より, 明らかである.

定理5.8 $l_0, l_1, \ldots, l_n$ を線形独立な V の元とし,

$$o = l_1 * l_2 * \cdots * l_n - l_0 * l_2 * \cdots * l_n + \cdots + (-1)^n l_0 * l_1 * \cdots * l_{n-1}$$

とすれば, $o \neq \bar{0}$ であり, $o \cdot l_0 = o \cdot l_1 = \cdots = o \cdot l_n$ である.

上の定理において $l_0, l_1, \ldots, l_n \in V_-$ であり, $[o]$ が P 点ならば, $[o]$ は単体 $[l_0][l_1]\cdots[l_n]$ の外心である. また, k を 1 以上, n 以下の整数とし, $l_0, \ldots, l_{k-1}, -l_k, \ldots, -l_n \in V_-$ ならば, $0 \leq i < k \leq j \leq n$ を満たすすべての整数 i, j に対して P 線分 $[l_i][l_j]$ の中点 $[l_i - l_j]$ は P 超平面 $[o]$ 上にあり, すべての $[l_i]$ は $[o]$ から等距離にある.

$l_0, l_1, \ldots, l_n$ を線形独立な V_- の元とし, S を $[l_0], \ldots, [l_n]$ を頂点とする単体とする.

$$g_i = l_0 * \cdots * \overset{\vee}{l_i} * \cdots * l_n \quad (i = 0, 1, \ldots, n)$$

とすれば, $[g_i]$ は S の $n-1$ 次元の面を含む P 超平面であるから, $g_i^2 > 0$ である. $f_i = \frac{1}{\sqrt{g_i^2}} g_i$ とすれば, $[f_i] = [g_i]$, $f_i^2 = 1$ である. $a_1, a_2, \ldots, a_n$ をそれぞれ 0 または 1 とし,

$$p_{a_1, a_2, \ldots, a_n} = \sqrt{g_0^2} l_0 + (-1)^{a_1} \sqrt{g_1^2} l_1 + \cdots + (-1)^{a_n} \sqrt{g_n^2} l_n$$

とすれば, $*$ の性質 (v) より,

$$|p_{a_1, a_2, \ldots, a_n} \cdot f_0| = |p_{a_1, a_2, \ldots, a_n} \cdot f_1| = \cdots = |p_{a_1, a_2, \ldots, a_n} \cdot f_n|$$

である. $p_{a_1, a_2, \ldots, a_n}^2 < 0$ ならば, $[p_{a_1, a_2, \ldots, a_n}]$ は S のすべての $n-1$ 次元面から等距離にある点である. 特に, $[p_{0,0,\ldots,0}]$ は S の内心である. $p_{a_1, a_2, \ldots, a_n}^2 = 0$ ならば, $[p_{a_1, a_2, \ldots, a_n}]$ で Γ に接する極限球で S のすべての面と接するものが存在す

94　5　三次元以上の双曲空間

ることが容易にわかる. 以下, $p_{a_1,a_2,\ldots,a_n}^2 > 0$ となる, すなわち, $[p_{a_1,a_2,\ldots,a_n}]$ が P 超平面となる場合を考える. $|p_{a_1,a_2,\ldots,a_n} \cdot f_i|$ が $\sqrt{p_{a_1,a_2,\ldots,a_n}^2}$ より大きい, に等しい, またはより小さいに応じて $[p_{a_1,a_2,\ldots,a_n}]$ は S のすべての $n-1$ 次元面から等距離にある, 極限平行となる, または同じ角度で交わる P 超平面となる. 以上のことから, S のすべての $n-1$ 次元面に接する P 球 (定 P 点から等距離にある P 点の軌跡, Δ に含まれる球), 極限球 (Γ に接し, 接点以外は Δ に含まれる球), 等距離超曲面 (定 P 超平面から等距離にある P 点の軌跡, Γ と交わる球とその Γ による反転の Δ に含まれる部分), または S のすべての $n-1$ 次元面に極限平行, または同じ角度で交わる P 超平面が合わせて 2^n 個あることがわかる[*21].

　　$l_1, l_2, \ldots, l_k$ を線形独立な V_- の元とするとき, $[l_1 + l_2 + \cdots + l_k]$ を (便宜上) $[l_1], [l_2], \ldots, [l_k]$ を頂点とする k 次元単体の重心と呼ぶことにする. $l_0, l_1, \ldots, l_n$ を線形独立な V_- の元とし, $[l_0], [l_1], \ldots, [l_n]$ を頂点とする単体を S とする.

$$m = l_0 + l_1 + \cdots + l_n, \quad h = (m - l_1) * (m - l_2) * \cdots * (m - l_n)$$

とすれば, $[h]$ は S の $[l_0]$ を頂点とする n 個の $n-1$ 次元面の重心を通る P 超平面である. また,

$$
\begin{aligned}
h &= (-1)^n (l_1 * l_2 * \cdots * l_n - m * l_2 * \cdots * l_n - \cdots - l_1 * \cdots * l_{n-1} * m) \\
&= (-1)^{n+1}((n-1)l_1 * l_2 * \cdots * l_n + l_0 * l_2 * \cdots * l_n \\
&\qquad + \cdots + l_1 * \cdots * l_{n-1} * l_0)
\end{aligned}
$$

であるから, $1 \leq i \leq n$ に対して $l_i \cdot h = (-1)^n l_0 \cdot (l_1 * l_2 * \cdots * l_n)$ である. したがって, $[h]$ は $[l_1], [l_2], \ldots, [l_n]$ を頂点とする S の面の外心における垂線に直交する.

[*21]　n 次元ユークリッド空間の場合, n 次元単体のすべての面に接する球の個数とすべての面とのなす角が等しい超平面の方向の数の和が 2^n となる. 例えば, 等面四面体の場合, 五つの球と三方向である.

5.4　二次 P 超曲面

平面の場合と同様に，P 超曲面が定義できる．

定義　m 次 P 超曲面とは $x_1^2 + x_2^2 + \cdots + x_n^2 + 1$, $x_1, x_2, \ldots, x_n$ の m 次斉次多項式の Δ 内の零点集合からなる超曲面である．

P 球，極限球および等距離超曲面は二次 P 超曲面である．また，二つの P 点，二つの P 超平面または P 点と P 超平面からの距離の和または差が一定の P 点の軌跡も二次 P 超曲面となる．さらに，k を n 未満の自然数とするとき，$n-k$ 次元平面 $[x_1] \cap [x_2] \cap \cdots \cap [x_k]$ から等距離にある P 点の軌跡は

$$(x_1^2 + x_2^2 + \cdots + x_n^2 + 1)^2 - ax_1^2 - \cdots - ax_k^2 - 4x_{k+1}^2 - \cdots - 4x_n^2 = 0$$

で表される二次 P 超曲面である．ここで，a は 4 より大きい実数である．

$P(x_0, x_1, x_2, x_3)$ を斉次二次多項式とし，3 章と同様に C_P, Q_P, A_P を定義したとき，四次対称行列 A_P の符号が $(3,1), (2,2)$ のとき，$(Q_P - \{\bar{0}\})/\mathbf{R}^*$ はそれぞれ球面，トーラスとなる．Q_P と $\{l \in V \mid l^2 = 0\}$ との交わり方により，様々な二次 P 超曲面が表れるが，それらを分類してみるのも面白い問題であろう．

問題 5.1　A_P の符号が $(3,0)$ のとき C_P はどのような曲面となるか．

5.5　等面四面体

この節では，$n = 3$ の場合に限定して，四つの面がすべて合同な三角形の四面体について考察する．このような四面体は等面四面体と呼ばれている．ユークリッド空間の四面体 $ABCD$ について，次の条件は同値である．

(i) 四つの面は互いに合同である．

(ii) $\overline{AB} = \overline{CD}$, $\overline{AC} = \overline{BD}$, $\overline{AD} = \overline{BC}$

(iii) 外心と重心が一致する．

96   5   三次元以上の双曲空間

(iv) 四つの面に接する球が 5 個だけである (一般の四面体では 8 個ある).

(v) 辺で交わる二面のなす角が対辺どうしで等しい.

(i), (ii), (iii) についてはよく知られているが, (iv), (v) について書かれた文献は見つけられなかった. 双曲空間でも次の定理が成り立つ. (iv) の条件はユークリッド空間ではすべての四面体に対して成り立つ. また, ユークリッド空間の場合, 等面四面体の各面は鋭角三角形であるが, 双曲空間の場合は三つの角のどの二つの和も他の角より大きいという条件を満たす三角形である.

定理 5.9   四面体 $ABCD$ に対して, 次は同値である.

(i) 四つの面は互いに合同である.

(ii) $d(A, B) = d(C, D)$, $d(A, C) = d(B, D)$, $d(A, D) = d(B, C)$. ここで $d(X, Y)$ は二つの P 点 X, Y の距離である.

(iii) 外心と重心が一致する.

(iv) $M_{M_{AB}M_{CD}}$, $M_{M_{AC}M_{BD}}$, $M_{M_{AD}M_{BC}}$ はすべて $ABCD$ の重心に一致する. ここで, M_{XY} は線分 XY の中点である.

(v) 辺で交わる二面のなす角が対辺どうしで等しい.

(vi) M_{AB}, M_{BC}, M_{CD}, M_{DA} を含む平面, M_{AC}, M_{CD}, M_{DB}, M_{BA} を含む平面, M_{AD}, M_{DB}, M_{BC}, M_{CA} を含む平面は互いに直交する.

(ii) $\Rightarrow$ (i) は明らかであるが, (i) $\Rightarrow$ (ii) も少し考えればわかる.

a, b, c, d を $A = [a]$, $B = [b]$, $C = [c]$, $D = [d]$ となる V_- の元とする. このとき a, b, c, d は線形独立である. 双曲平面のときと同様にして $[a]$ と $[b]$ の距離は $\log(-a \cdot b + \sqrt{(a \cdot b)^2 - 1})$ に等しいことがわかるので (ii) は

$$a \cdot b = c \cdot d, \quad a \cdot c = b \cdot d, \quad a \cdot d = b \cdot c$$

と同値である.

(ii) $\Rightarrow$ (iii) 四面体 $ABCD$ の重心 は $[a + b + c + d]$ である.

$$(a + b + c + d) \cdot a = -1 + b \cdot a + c \cdot a + d \cdot a$$

$$= a \cdot b - 1 + d \cdot b + c \cdot b$$
$$= (a + b + c + d) \cdot b$$

同様に，$(a+b+c+d) \cdot a = (a+b+c+d) \cdot c = (a+b+c+d) \cdot d$ も成り立つ．したがって，$[a+b+c+d]$ は $[a]$, $[b]$, $[c]$, $[d]$ からの距離が等しい，すなわち，$ABCD$ の外心である．

(iii) $\Rightarrow$ (ii) 等式 $(a+b+c+d) \cdot a = (a+b+c+d) \cdot b$ と $(a+b+c+d) \cdot c = (a+b+c+d) \cdot d$ からそれぞれ $a \cdot c + a \cdot d = b \cdot c + b \cdot d$ と $a \cdot c + b \cdot c = a \cdot d + b \cdot d$ が得られる．この二つから，$a \cdot c = b \cdot d$ と $a \cdot d = b \cdot c$ が導かれる．$a \cdot b = c \cdot d$ も同様に導かれる．

(ii) $\Leftrightarrow$ (iv) $M_{AB} = [a+b]$ である．また，$(a+b)^2 = -2 + 2a \cdot b$ であるから，線分 $M_{AB}M_{CD}$ の中点と $[a+b+c+d]$ が一致するための必要十分条件は $a \cdot b = c \cdot d$ となることである．

(ii) $\Rightarrow$ (vi) $(a+b) \cdot (c-d) = a \cdot c - a \cdot d + b \cdot c - b \cdot d = 0$ である．同様に，$(a+c) \cdot (b-d) = (a+d) \cdot (b-c) = (b+c) \cdot (a-d) = (b+d)(a-c) = (c+d) \cdot (a-b) = 0$ が成り立つ．したがって，

$$(a+b-c-d) \cdot (a+c) = (a-c) \cdot (a+c) + (b-d) \cdot (a+c) = 0$$

である．同様に，$a+d, b+c, b+d$ も $a+b-c-d$ との擬内積が 0 となるから，$[a+b-c-d]$ は M_{AC}, M_{AD}, M_{BC}, M_{BD} を含む平面である．

$$(a+b-c-d) \cdot (a-b+c-d)$$
$$= (a+b) \cdot (a-b) + (a+b) \cdot (c-d) - (c+d) \cdot (a-b) - (c+d) \cdot (c-d)$$
$$= 0$$

であるから，M_{AC}, M_{AD}, M_{BC}, M_{BD} を含む平面と M_{AB}, M_{AD}, M_{BC}, M_{CD} を含む平面は直交する．

(vi) $\Rightarrow$ (ii) M_{AB}, M_{BC}, M_{CD}, M_{DA} を含む平面は線分 $M_{AC}M_{BD}$ に直交するから，0 でない実数 s, t が存在して $[s(a+c) + t(b+d)]$ に等しい．$s(a+c) + t(b+d)$ は $a+b, b+c, c+d, a+d$ との擬内積が 0 となるから，$a-c, b-d$ との擬内積も 0 となる．したがって，

98　5　三次元以上の双曲空間

$$(a+c) \cdot (b-d) = (b+d) \cdot (a-c) = 0$$

となるから，$a \cdot b = c \cdot d$, $a \cdot d = b \cdot c$ が成り立つ．同様にして，$a \cdot c = b \cdot d$ も成り立つ．

　(ii) $\Rightarrow$ (v) A, B, C, D の対面をそれぞれ F_A, F_B, F_C, F_D とする．a, b, c, d は線形独立であるから，実数 q, r, s, t が存在して $F_A = [qa+rb+sc+td]$ と表せる．$qa+rb+sc+td$ と b, c, d との擬内積が 0 であることと簡単な計算により，$F_B = [ra+qb+tc+sd]$, $F_C = [sa+tb+qc+rd]$, $F_D = [ta+sb+rc+qd]$ となることがわかる．また，

$$(qa + rb + sc + td)^2 = (ra + qb + tc + sd)^2$$
$$= (sa + tb + qc + rd)^2 = (ta + sb + rc + qd)^2$$

となることも簡単な計算でわかる．さらに，

$$(qa + rb + sc + td) \cdot (ra + qb + tc + sd)$$
$$= qa \cdot (ra + qb + tc + sd) + rb \cdot (ra + qb + tc + sd)$$
$$+ sc \cdot (ra + qb + tc + sd) + td \cdot (ra + qb + tc + sd)$$
$$= qc \cdot (ta + sb + rc + qd) + rd \cdot (ta + sb + rc + qd)$$
$$+ sa \cdot (ta + sb + rc + qd) + tb \cdot (ta + sb + rc + qd)$$
$$= (sa + tb + qc + rd) \cdot (ta + sb + rc + qd)$$

となるから，F_A と F_B のなす角と F_C と F_D のなす角は等しい．他の二組も同様である．

　(v) $\Rightarrow$ (ii) $F_A = [\alpha]$, $F_B = [\beta]$, $F_C = [\gamma]$, $F_D = [\delta]$ となる V_+ の元 $\alpha, \beta, \gamma, \delta$ が存在する．これらの四つの元と $a+b+c+d$ との擬内積は正であると仮定してよい．このとき，仮定より $\alpha \cdot \beta = \gamma \cdot \delta$, $\alpha \cdot \gamma = \beta \cdot \delta$, $\alpha \cdot \delta = \beta \cdot \gamma$ が成り立つ．$\alpha, \beta, \gamma, \delta$ は線形独立であるから，$a = q\alpha + r\beta + s\gamma + t\delta$ となる実数 q, r, s, t が存在する．(ii) $\Rightarrow$ (v) の証明と同様にして $a \cdot b = c \cdot d$, $a \cdot c = b \cdot d$, $a \cdot d = b \cdot c$ が証明できる．

5.6　直辺四面体

この節も，$n = 3$ の場合に限定する．ユークリッド空間の一般の四面体には垂心が存在しない．次の条件は同値であり，これらを満たす四面体は直辺四面体または垂心四面体と呼ばれている．

(i) 三組の対辺が直交する．

(ii) 各頂点から対面に下ろした四本の垂線が一点で交わる．

(iii) 一つの頂点から対面に下ろした垂線の足がその面の垂心に一致する．

双曲空間でも同様のことが成り立つことを以下で示す．まず，交わらない二直線が直交するとはどういうことか定義する必要がある．L を P 直線，α を P 平面とするとき，L を含む相異なる二つの P 平面と α が直交すれば，L と α は直交する．a, b を線形独立な V_- の元とし，

$$V_{ab} = \{sa + tb \mid s, t \in \mathbf{R}\}, \quad V_{ab}^\perp = \{m \in V \mid m \cdot a = m \cdot b = 0\}$$

とすれば，$V_{ab}^\perp - \{\bar{0}\}$ の任意の元 m に対して $[m]$ は P 直線 $[a][b]$ を含む P 平面である．また，$V_{ab} - \{\bar{0}\}$ の元 l に対して $l^2 < 0$ ならば，$[l]$ は P 直線 $[a][b]$ 上の P 点であり，$l^2 > 0$ ならば，$[l]$ は P 直線 $[a][b]$ に直交する P 平面である．逆に，$[l]$ が $[a][b]$ 上の P 点または $[a][b]$ に直交する P 平面ならば，$l \in V_{ab}$ である．次が成り立つことは容易にわかる．

定理 5.10　a, b, c, d を線形独立な V_- の元とするとき，次の条件は同値である．

(i) $(a \cdot c)(b \cdot d) = (a \cdot d)(b \cdot c)$

(ii) P 直線 $[a][b]$ を含み，P 直線 $[c][d]$ に直交する P 平面が存在する．

(iii) P 直線 $[c][d]$ を含み，P 直線 $[a][b]$ に直交する P 平面が存在する．

上の定理の条件が満たされるとき，二直線 $[a][b]$ と $[c][d]$ は直交すると定義する．このとき，(iii) の P 平面は $[(b \cdot c)a - (a \cdot c)b]$ である．また，上の定理から四面体 $[a][b][c][d]$ の二組の対辺が直交すれば，残る一組の対辺も直交する

100　5　三次元以上の双曲空間

ことがわかる．さらに，次の二つのことに注意すれば，上の定理から下の系が
従うこともわかる．二つの P 直線 L と M に対して，L と M が交わるか両
方に直交する P 平面が存在するための必要十分条件は L と M が同一 P 平面
に含まれることである．同一 P 平面上にない三つの P 直線のどの二つも一点
で交わるか同一 P 平面に直交するならば，三つとも一つの P 点で交わるか一
つの P 平面に直交する．

系 5.11　a, b, c, d を線形独立な V_- の元とするとき，次の条件は同値である．

(i) 四面体 $[a][b][c][d]$ の三組の対辺が直交する．

(ii) 四面体 $[a][b][c][d]$ の各頂点から対面に下ろした四本の垂線が一点で交わ
るか同一平面に直交する．

(iii) 四面体 $[a][b][c][d]$ の一つの頂点から対面に下ろした垂線の足がその面の
垂心と一致する．

問題 5.2　上の系の条件が満たされるとき，(ii) の四本の垂線の交点または
四本の垂線に直交する平面を a, b, c, d で表せ．

6 問題の解答とヒント

問題 1.1 のヒント

計算を楽にするために一番目の命題では (平行移動することにより) 前半の三直線の交点を原点にすればよい. 二番目の命題では (回転と平行移動により) 直線 l を表す式を $y = 0$ とすればよい.

$l_1(x, y), l_2(x, y), l_3(x, y)$ が x と y の一次式で $l_1 + l_2 + l_3 \equiv 0$ (x, y の係数, 定数項がすべて 0) ならば, $l_i = 0$ で表される三直線はどの二つも平行でなければ, 一点で交わる. 何故ならば, $l_1(x_0, y_0) = l_2(x_0, y_0) = 0$ のとき, $l_3(x_0, y_0) = 0$ となる.

問題 1.2 のヒント

三つの円を C_1, C_2, C_3 とし, C_1 と C_2 の二交点を通る直線を l_3, C_1 と C_3 の二交点を通る直線を l_2 とする. C_2 と C_3 の交点の一つを P_1 とし, l_2 と l_3 の交点を Q とする. 直線 P_1Q と円 C_2, C_3 との交点で P_1 と異なるほうをそれぞれ P_2, P_3 としたとき, $P_2 = P_3$ を示せばよい.

問題 2.1

(1) 計算すれば, そうなる.

(2) $m = ax + by + c(x^2 + y^2 + 1)$, $[l] = (x_0, y_0)$ とすれば, $m([l]) = 0$ より,

$$ax_0 + by_0 + c(x_0^2 + y_0^2 + 1) = 0$$

となる. 左辺は

$$(x_0 x + y_0 y - \frac{1}{4}(x_0^2 + y_0^2 + 1)(x^2 + y^2 + 1)) \cdot (ax + by + c(x^2 + y^2 + 1))$$

に等しい.

102 6 問題の解答とヒント

問題 2.2 のヒント

$*$ の性質 (iv) より, $((l_1 * l_2) * l_3) \cdot (l_1 * l_2) = 0$ である. また, (v), (vi) より,

$$((l_1 * l_2) * l_3) \cdot (l_2 * l_3) = ((l_2 * l_3) * (l_1 * l_2)) \cdot l_3$$
$$= (4(l_3 \cdot (l_1 * l_2))l_2 - 4(l_2 \cdot (l_1 * l_2))l_3) \cdot l_3$$
$$= 4(l_1 \cdot (l_2 * l_3))l_2 \cdot l_3$$

同様に, $((l_1 * l_2) * l_3) \cdot (l_3 * l_1) = -4(l_1 \cdot (l_2 * l_3))l_3 \cdot l_1$ である.

問題 2.3 のヒント

a, b, c を $A = [a]$, $B = [b]$, $C = [c]$ となる V の元とするとき, $L = [((b*c)*a)*a]$ である. $p = -(b{\cdot}c)a + (c{\cdot}a)b + (a{\cdot}b)c$, $q = (b{\cdot}c)a - (c{\cdot}a)b + (a{\cdot}b)c$, $r = (b{\cdot}c)a + (c{\cdot}a)b - (a{\cdot}b)c$ とすれば, $(((b*c)*a)*a) \cdot q = (((b*c)*a)*a) \cdot r = 0$ である. さらに, $a^2 = b^2 = c^2 = -1$ とすれば, $p^2 = q^2 = r^2$ である.

問題 2.4 のヒント

a, b, c を $BC = [a]$, $CA = [b]$, $AB = [c]$ となる V の元とするとき, $D = [((b*c)*a)*a]$ である.

問題 2.5 のヒント

$(P,T;S,R) \cdot (T,Q;S,R) = (P,Q;S,R)$

問題 2.6

(i)

$$l_1 \cdot l_2 = a_1 a_2 (\cos t_1 \cos t_2 + \sin t_1 \sin t_2) - \sqrt{a_1^2 + 1}\sqrt{a_2^2 + 1}$$
$$= a_1 a_2 \cos(t_1 - t_2) - \sqrt{a_1^2 a_2^2 + a_1^2 + a_2^2 + 1}$$
$$\leq a_1 a_2 - \sqrt{a_1^2 a_2^2 + 2a_1 a_2 + 1} = a_1 a_2 - (a_1 a_2 + 1) = -1$$

(ii) 上の計算より, $l_1 \cdot l_2 = -1$ ならば, $\cos(t_1 - t_2) = 1$, $a_1^2 + a_2^2 = 2a_1 a_2$ であるから $t_1 = t_2$, $a_1 = a_2$ である. したがって, $l_1 = l_2$ である.

問題 2.7 のヒント

$l_1^2 = l_2^2 = 1$ であるから, $a_2 x + b_2 y + c_2(x^2 + y^2 + 1) = 0$ で表される円の半径は $\frac{1}{2|c_2|}$ であり, 中心 $\left(\frac{-a_2}{2c_2}, \frac{-b_2}{2c_2}\right)$ と $a_1 x + b_1 y = 0$ で表される直線との距離は

$$\frac{\left| a_1 \left(\dfrac{-a_2}{2c_2} \right) + b_1 \left(\dfrac{-b_2}{2c_2} \right) \right|}{\sqrt{a_1^2 + b_1^2}} = \frac{|l_1 \cdot l_2|}{2|c_2|}$$

である.

問題 2.8

$\omega = \frac{\cos\gamma + \cos\alpha\cos\beta}{\sin\alpha}$ とおく. $\gamma < \pi - \alpha - \beta$ であり, $\cos\theta$ は $0 < \theta < \pi$ の範囲で単調減少であるから,

$$\cos\gamma > \cos(\pi - \alpha - \beta) = -\cos(\alpha + \beta) = -\cos\alpha\cos\beta + \sin\alpha\sin\beta$$

である. したがって, $\omega^2 > \sin^2\beta$ である. そこで,

$$l = x, \quad m = (\cos\alpha)x - (\sin\alpha)y,$$
$$n = (-\cos\beta)x + (-\omega)y + \frac{1}{2}\sqrt{\cos^2\beta + \omega^2 - 1}(x^2 + y^2 + 1)$$

とおけば, $l^2 = m^2 = n^2 = 1, l \cdot m = \cos\alpha, l \cdot n = -\cos\beta, m \cdot n = \cos\gamma$ である.

問題 2.9 のヒント

$\sqrt{(l_2 * l_3)^2}\, l_1 + \sqrt{(l_3 * l_1)^2}\, l_2 + \sqrt{(l_1 * l_2)^2}\, l_3$ と
$(l_i * l_j)/\sqrt{(l_i * l_j)^2} - (l_j * l_k)/\sqrt{(l_j * l_k)^2}$ の擬内積を計算してみよ.

問題 2.10

(i) $l_1 + l_2 + l_3 + l_4 = \bar{0}$ のときは, $(l_1 + l_2) * (l_3 + l_4) = \bar{0}$ である. $l_1 + l_2 + l_3 + l_4 \neq \bar{0}$ のときは, $*$ の性質 (iv) より,

$$(l_1 + l_2 + l_3 + l_4) \cdot ((l_1 + l_2) * (l_3 + l_4))$$
$$= (l_1 + l_2) \cdot ((l_1 + l_2) * (l_3 + l_4)) + (l_3 + l_4) \cdot ((l_1 + l_2) * (l_3 + l_4))$$
$$= 0 + 0 = 0$$

である. $l_1 + l_2 + l_3 + l_4$ と他の二つの元との擬内積も 0 である. (ii), (iii) も同様である. $l_i \in V_-$ ($i = 1, 2, 3, 4$) のとき, (i), (ii), (iii) はそれぞれ次の定理を意味する.

「P_1, P_2, P_3, P_4 を双曲平面の P 点とするとき,

P 線分 P_1P_2 の中点と P 線分 P_3P_4 の中点を通る P 直線,

104　6　問題の解答とヒント

P 線分 P_1P_3 の中点と P 線分 P_2P_4 の中点を通る P 直線,

P 線分 P_1P_4 の中点と P 線分 P_2P_3 の中点を通る P 直線は一点で交わるか互いに平行である.」

「P_1, P_2, P_3, P_4 を双曲平面の P 点とするとき,

P 線分 P_1P_2 の中点から,P 線分 P_3P_4 の垂直二等分線に下ろした垂線,

P 線分 P_1P_3 の中点から,P 線分 P_2P_4 の垂直二等分線に下ろした垂線,

P 線分 P_2P_3 の中点から,P 線分 P_1P_4 の垂直二等分線に下ろした垂線は一点で交わるか互いに平行である.」

「P_1, P_2, P_3, P_4 を双曲平面の P 点とするとき,

P 線分 P_1P_2 の中点と P 線分 P_3P_4 の中点を通る P 直線と,

P 線分 P_1P_3 の垂直二等分線と P 線分 P_2P_4 の垂直二等分線の交点と

P 線分 P_1P_4 の垂直二等分線と P 線分 P_2P_3 の垂直二等分線の交点を通る直線は直交する.」

問題 2.11

$$
\begin{aligned}
\beta_m(l_1) * \beta_m(l_2) &= \left(l_1 - \frac{2l_1 \cdot m}{m^2}m\right) * \left(l_2 - \frac{2l_2 \cdot m}{m^2}m\right) \\
&= l_1 * l_2 - \frac{2l_2 \cdot m}{m^2}l_1 * m - \frac{2l_1 \cdot m}{m^2}m * l_2 \\
&= l_1 * l_2 - \frac{2}{m^2}\left((l_2 \cdot m)l_1 - (l_1 \cdot m)l_2\right) * m \\
&\qquad\qquad\qquad\qquad (\because *の性質\ (\mathrm{i}), (\mathrm{iii})) \\
&= l_1 * l_2 - \frac{2}{m^2}\left(\frac{1}{4}(l_1 * l_2) * m\right) * m \\
&\qquad\qquad\qquad\qquad (\because *の性質\ (\mathrm{vi})) \\
&= l_1 * l_2 - \frac{2}{m^2}\left(m^2 l_1 * l_2 - ((l_1 * l_2) \cdot m)\, m\right) \\
&\qquad\qquad\qquad\qquad (\because *の性質\ (\mathrm{vi})) \\
&= -l_1 * l_2 + \frac{2(l_1 * l_2) \cdot m}{m^2}m \\
&= -\beta_m(l_1 * l_2)
\end{aligned}
$$

問題 2.12

$l_1 \cdot l = l_2 \cdot l = 0$, $[l_1] \neq [l_2]$ を満たす V_- の元 l_1, l_2 がある.このと

き，$[l_1]$, $[l_2]$ は $[l]$ 上の相異なる P 点である．$\beta_m(l_i) \cdot \beta_m(l) = l_i \cdot l = 0$ であるから，$\alpha_{[m]}([l_i]) = [\beta_m(l_i)]$ は $[\beta_m(l)]$ 上の P 点である．したがって，$\alpha_{[m]}([l]) = [\beta_m(l)]$ である．

問題 2.13 と 2.14 のヒント

一回目の鏡映 α_1 で $[l]$ を 0 $([x])$ に移し，二回目の鏡映では 0 $([x])$ を動かさず，$\alpha_1([m])$ を $[y]$ 上に移せばよい．

問題 2.15

β_m の性質 (iv) と問題 2.13 により，$[l_1] = 0$ かつ $[l_2]$ が $[y]$ 上の P 点のときに証明すればよい．

問題 2.16 のヒント

P 線分 A_1A_2 の中点を中心とする対称変換を考えればよい．

問題 2.17

定理 2.23 により，

$$\beta_{m_1} \circ \beta_{m_2} \circ \beta_l \circ \beta_{m_2} \circ \beta_{m_1} = \beta_{m_1} \circ \beta_{\beta_{m_2}(l)} \circ \beta_{m_1} = \beta_{\beta_{m_1}(\beta_{m_2}(l))} = \beta_{(\beta_{m_1} \circ \beta_{m_2})(l)}$$

である．

問題 2.18

(1) $\Leftrightarrow$ (4), (5) は定理 2.26 より，明らかである．

(1) $\Rightarrow$ (2), (3) は $\triangle ADE \equiv \triangle CDE$, $\triangle ADF \equiv \triangle BDF$ より明らかである．

(2) $\Rightarrow$ (1) BC 上に点 D' を $\angle ACD' = \angle CAD'$, $\angle ABD' = \angle BAD'$ となるようにとれる．このとき，$\triangle ACD' \equiv \triangle CAD'$, $\triangle ABD' \equiv \triangle BAD'$ であるから，$CD' = AD' = BD'$ となる．したがって，$D' = D$ は $\triangle ABC$ の外心である．

(3) $\Rightarrow$ (5) 直線 DE の D 側の延長上に点 G を $DE = DG$ となるようにとれば，$\triangle DGB \equiv \triangle DEC$ であるから，$GB = EC = EA$ である．また，$\angle GDF = \angle EDF$, $GD = ED$ であるから，$\triangle GDF \equiv \triangle EDF$ であり，$GF = EF$ である．したがって，$\triangle BFG \equiv \triangle AFE$ である．以上より，

$$\angle BFD = \angle BFG + \angle GFD = \angle AFE + \angle EFD = \angle AFD$$

106 6 問題の解答とヒント

である.

問題 2.19 のヒント

0 を内部に含み，極限円に近い P 円と 0 を通る二つの P 直線を考える.

問題 2.20 のヒント

P 円の中心を O とすれば，$\angle OAB = \angle OBA$ である.

問題 2.21 のヒント

4P 点 A, B, C, D が P 直線 L から等距離にあるとする．A, B から，L に下ろした垂線の足をそれぞれ H_A, H_B とすれば，$\angle BAH_A = \angle ABH_B$ である.

問題 2.22 のヒント

極限円と Γ の接点を H とすれば，$\angle HAB = \angle HBA$ である.

問題 2.23 のヒント

三つの P 点 A, B, C を通る円または直線の Δ に含まれる部分を Λ とし，P 直線 CD または DA と Λ の交点を D' とし，$D' = D$ を示せばよい.

問題 2.24 のヒント

$l \in V_-$, $m \in V_+$ のとき，$[l]$ と $[m]$ の距離を r とすれば，定理 3.5 より，

$$|l \cdot m| + \sqrt{(l \cdot m)^2 + 1} = e^r$$

であるから，

$$|l \cdot m| = \frac{e^r - e^{-r}}{2}$$

である．$l_1, l_2 \in V_-$ とし，$[l_1]$, $[l_2]$ を中心とし，半径 r_1, r_2 の P 円をそれぞれ θ_1, θ_2 とする．この二つの P 円に接する P 直線で二つの P 円が同じ側にあるものを外接線，反対側にあるものを内接線という．二本の内接線の交点を内交接点，外接線の交点または両方に直交する P 直線を外交接点または外交接線と呼ぶことにする．これらは，$[l_1 * l_2]$ 上の P 点または直交する P 直線であるから，それらに対応する V の元は l_1 と l_2 の線形結合である．$m \in V_+$ とし，$[m]$ が θ_1 と θ_2 の外 (内) 接線ならば，$(l_1 \cdot m)(l_2 \cdot m) > 0 \ (< 0)$ であるから，

$$l_{12}^{\pm} = \left(e^{r_1} - e^{-r_1}\right)^{-1} l_1 \pm \left(e^{r_2} - e^{-r_2}\right)^{-1} l_2$$

とおけば，外交接点(線)は $[l_{12}^-]$ であり，内交接点は $[l_{12}^+]$ である．

$l, m \in V_+$，$|l \cdot m| > 1$ のとき，$[l]$ と $[m]$ の距離を r とすれば，定理 3.6 より，
$$|l \cdot m| = \frac{e^r + e^{-r}}{2}$$
である．したがって，三つの円のいくつかを等距離曲線に置き換えても，モンジュの定理の類似が成り立つ．

問題 3.1

二つの P 点 P_1 と P_2 からの距離の和が r の点は P_1 を中心として半径が r の P 円からと P_2 からの距離が等しい．また，二つの P 直線 L_1 と L_2 からの距離の和が r の点は L_1 からの距離が r の点からなる等距離曲線からと L_2 からの距離が等しい．そこで，この P 円と等距離曲線を極限円に置き換えて考えればよい．図 6.1 (左) は P 点と極限円から等距離にある点の軌跡であり，図 6.1 (右) は P 直線と極限円から等距離にある点の軌跡の半分である．

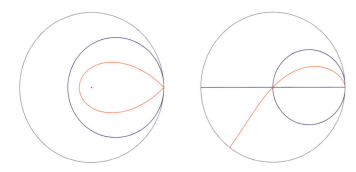

図 6.1

Γ 上の点 $[m]$ で Γ に接し，P 点 $[l_0]$ を通る極限円を θ とするとき，P 点 $[u]$ と θ の距離は
$$\left| \log \frac{|u \cdot m|}{\sqrt{-u^2}} - \log \frac{|l_0 \cdot m|}{\sqrt{-l_0^2}} \right|$$
である．

108　6　問題の解答とヒント

$[l_1]$, $[u]$ を P 点とするとき，$[u]$ が θ と $[l_1]$ から等距離にあれば，定理 3.4 より，

$$\left| \log \frac{|u \cdot m|}{\sqrt{-u^2}} - \log \frac{|l_0 \cdot m|}{\sqrt{-l_0^2}} \right| = \log \frac{|l_1 \cdot u| + \sqrt{(l_1 \cdot u)^2 - l_1^2 u^2}}{\sqrt{-l_1^2}\sqrt{-u^2}}$$

が成り立つ．左辺の絶対値の中が正負いずれの場合からも，次の等式が得られる．

$$\left(l_0^2 l_1^2\right)(u \cdot m)^2 - 2\sqrt{-l_0^2}\sqrt{-l_1^2}|l_0 \cdot m||u \cdot m||l_1 \cdot u| + (l_0 \cdot m)^2 l_1^2 u^2 = 0$$

$m = 2x - (x^2 + y^2 + 1)$, $l_0 = \frac{3}{4}x + \frac{5}{8}(x^2 + y^2 + 1)$, $l_1 = \frac{1}{2}(x^2 + y^2 + 1)$, $u = ax + by + c(x^2 + y^2 + 1)$ $(c > 0)$ のとき，上の等式から，次の等式が導かれる．

$$3a^2 + 4b^2 + 4ac - 4c^2 = 0$$

$P(x, y, z) = 3x^2 + 4y^2 - xz - \frac{1}{4}z^2$ とおけば，$P(a, b, -4c)$ は上の等式の左辺に等しい．図 6.1 (左) の赤い曲線は $P(x, y, x^2 + y^2 + 1) = 0$ で定義される二次 P 曲線である．

$[l_1]$ を P 直線，$[u]$ を P 点とするとき，$[u]$ が θ と $[l_1]$ から等距離にあれば，定理 3.5 より，

$$\left| \log \frac{|u \cdot m|}{\sqrt{-u^2}} - \log \frac{|l_0 \cdot m|}{\sqrt{-l_0^2}} \right| = \log \frac{|l_1 \cdot u| + \sqrt{(l_1 \cdot u)^2 - l_1^2 u^2}}{\sqrt{l_1^2}\sqrt{-u^2}}$$

が成り立つ．左辺の絶対値の中が正負いずれの場合からも，次の等式が得られる．

$$\left(l_0^2 l_1^2\right)(u \cdot m)^2 - 2\sqrt{-l_0^2}\sqrt{l_1^2}|l_0 \cdot m||u \cdot m||l_1 \cdot u| - (l_0 \cdot m)^2 l_1^2 u^2 = 0$$

$m = 2x - (x^2 + y^2 + 1)$, $l_0 = \frac{1}{2}(x^2 + y^2 + 1)$, $l_1 = y$, $u = ax + by + c(x^2 + y^2 + 1)$ $(c > 0)$ のとき，上の等式から，次の等式が導かれる．

$$2a^2 \pm 2ab + b^2 + 4ac \pm 4bc = 0$$

$P(x, y, z) = 2x^2 \pm 2xy + y^2 - xz \mp yz$ とおけば，$P(a, b, -4c)$ は上の等式の左辺に等しい．図 6.1 (右) の赤い曲線は $\pm$ と $\mp$ がそれぞれ $-$ と $+$ のときの，$P(x, y, x^2 + y^2 + 1) = 0$ で定義される二次 P 曲線である．

問題 3.2

A_P の符号が $(3,0)$ または $(0,3)$ のときは $Q_P = \{\bar{0}\}$ である.

A_P の符号が $(2,0)$ または $(0,2)$ のときは Q_P は $\bar{0}$ を通る直線であるから, $Q_P \cap V_- \neq \emptyset$ のとき C_P は一点である.

A_P の符号が $(1,1)$ のときは Q_P は $\bar{0}$ を通る二平面であるから, $Q_P \cap V_- \neq \emptyset$ のとき C_P は二直線または一直線である.

A_P の符号が $(1,0)$ または $(0,1)$ のときは Q_P は $\bar{0}$ を通る一平面であるから, $Q_P \cap V_- \neq \emptyset$ のとき C_P は一直線である.

問題 4.1

(i) AB と点 B で角 $\angle B$ で交わる直線を L とし, 点 A を中心に角 $\angle A$ 回転したとき, 点 B の移ったさきを D とし, 直線 L が直線 M に移ったとする. L と M の交点を C とすれば, 四角形 $ABCD$ は条件を満たす. もし, L と M が交わらなければ, 条件を満たす四角形は存在しない.

(ii) L, M, D は (i) と同じとする. このとき, L と M が交わるか極限平行ならば, 条件を満たす四角形は存在しない. L と M の両方に直交する直線を N とし, L と N の交点を E, M と N の交点を F とし, 線分 EF の中点を G とする. 直線 DG と L の交点を C とすれば, $\triangle CGE \equiv \triangle DGF$ であるから,

$$\angle ABC + \angle BCD + \angle CDA = \angle ABC + \angle CDF + \angle CDA = \angle ABC + \angle FDA = \pi$$

である.

(iii) 線分 AB と A, B でそれぞれ角 $\angle A, \angle B$ で交わる直線を L, M とする. このとき, L と M が交わるか極限平行ならば, 条件を満たす四角形は存在しない. L と M の両方に直交する直線を N とし, L と N の交点を E, M と N の交点を F とし, 線分 EF の中点を G とする. 直線 BG と L の交点を H とし, 線分 AH の中点を D, 直線 DG と M の交点を C とすれば, 四角形 $ABCD$ は条件を満たす.

110　6　問題の解答とヒント

(iv) $\triangle AB'C$ を $AC = B'C$ の二等辺三角形で内角の和が $\angle A + \angle C$ に等しいように作る (作り方は難しくないので読者に考えてもらいたい). 次に, 点 E を線分 AC の中点と線分 $B'E$ の中点が一致するようにとる. EC 上に点 D を $\angle B'AD = \angle A$ となるようにとり, AB' 上に点 B を $AB = DE$ となるようにとる. このとき, $\triangle ADE \equiv \triangle CBA$ であるから, $AD = CB$ であり, $\angle ADE = \angle CBA$ である. したがって, $\angle ABC + \angle CDA = \pi$ である.

(v) $\angle A + \angle B = \pi$, $\angle E = \angle F = \angle G = \angle H = \frac{\pi}{2}$ を満たす六角形 $ABEFGH$ を作る (作り方は難しくないので読者に考えてもらいたい). 線分 EF の中点と B を通る直線と FG の交点を C, 線分 GH の中点と A を通る直線と FG の交点を D とすれば, 四角形 $ABCD$ は条件を満たす.

問題 5.1

第 2 章と同様に V の元 l に対して $X(l)$ を定義すれば, $l^2 < 0$ のとき, $[l]$ が C_P 上の P 点であるための必要十分条件は $l \in Q_P$ すなわち ${}^t X(l) A_P X(l) = 0$ となることである. A_P の符号が $(3, 0)$ ならば, $\bar{0}$ でない V の元 l で $A_P X(l) = \bar{0}$ となるものが存在する. 簡単な計算で $Q_P \cap V_-$ の任意の元 m と任意の実数 c に対して $m + cl \in Q_P$ となることがわかる. $l^2 < 0$ すなわち $[l]$ は P 点であるとする. $(m + cl)^2 < 0$ のとき, $[m + cl]$ は $[l]$ と $[m]$ を通る P 直線上の P 点である. したがって, このとき C_P は $[l]$ を頂点とする二次曲線錐といえる. 次に, $l^2 > 0$ すなわち $[l]$ は P 平面とする. $(m + cl)^2 < 0$ のとき, $[m + cl]$ は $[m]$ を通って $[l]$ に直交する P 直線上の P 点である. したがって, このとき C_P は $[l]$ 上の二次曲線上の点を通って $[l]$ に直交する直線の集まりである.

問題 5.2

便宜上, 求める点または平面を垂心と呼ぶことにする. $a \cdot ((b \cdot c)a - (a \cdot c)b) = -(b \cdot c + (a \cdot b)(a \cdot c)) = 0$ のときは, 垂心は $[a]$ である. 以下, 垂心が $[a]$, $[b]$, $[c]$, $[d]$ のいずれとも一致しない, すなわち $b \cdot c + (a \cdot b)(a \cdot c) \neq 0$, $a \cdot c + (b \cdot a)(b \cdot c) \neq 0$, $a \cdot d + (c \cdot a)(c \cdot d) \neq 0$, $a \cdot b + (d \cdot a)(d \cdot b) \neq 0$ の場合を考える.

$$h = a + \frac{b \cdot c + (a \cdot b)(a \cdot c)}{a \cdot c + (b \cdot a)(b \cdot c)}b + \frac{c \cdot d + (a \cdot c)(a \cdot d)}{a \cdot d + (c \cdot a)(c \cdot d)}c + \frac{d \cdot b + (a \cdot d)(a \cdot b)}{a \cdot b + (d \cdot a)(d \cdot b)}d$$

とおけば

$$h \cdot ((b \cdot c)a - (a \cdot c)b) = h \cdot ((c \cdot d)a - (a \cdot d)c) = h \cdot ((d \cdot b)a - (a \cdot b)d) = 0$$

である．また，

$$\frac{c \cdot d + (a \cdot c)(a \cdot d)}{a \cdot d + (c \cdot a)(c \cdot d)} = \frac{c \cdot b + (a \cdot c)(a \cdot b)}{a \cdot b + (c \cdot a)(c \cdot b)}$$

であることに注意すれば，$h \cdot ((a \cdot c)b - (a \cdot b)c) = 0$ となることもわかる．同様に，

$$h \cdot ((a \cdot d)b - (a \cdot b)d) = h \cdot ((a \cdot d)c - (a \cdot c)d) = 0$$

となることもわかる．したがって，垂心は $[h]$ である．

参 考 文 献

[1] 秋山武太郎著,「わかる幾何学」, 日新出版.

[2] 阿原一志著,「シンデレラで学ぶ平面幾何」, シュプリンガー.
ISBN 4431711209

[3] 小平邦彦著,「幾何のおもしろさ」, 岩波書店.
ISBN 400007637X

[4] 小林昭七著,「ユークリッド幾何から現代幾何へ」, 日本評論社.
ISBN 4535781761

[5] 津田丈夫著,「射影幾何」, 共立出版. ISBN 4320012542

[6] 中岡稔著,「双曲幾何学入門 線形代数の応用」, サイエンス社.
ISBN 4781906885

[7] 中村他訳,「ユークリッド原論」, 共立出版. ISBN 4320010728

[8] 難波誠著,「幾何学 12 章」, 日本評論社. ISBN 4535782989

[9] 難波誠著,「平面図形の幾何学」, 現代数学社. ISBN 4768703793

[10] 深谷賢治著,「双曲幾何学」, 岩波講座 現代数学への入門 16, 岩波書店.
ISBN 4000106295

[11] 吉田洋一・赤攝也著,「数学序説」, 培風館. ISBN 4563001015

索　引

き
擬外積 ・・・・・・・・・・・・・・・・・・・・21, 88
擬内積 ・・・・・・・・・・・・・・・・・・・・18, 88
鏡映 ・・・・・・・・・・・・・・・・・・・・・・35, 36
極 ・・・・・・・・・・・・・・・・・・・・・・・・・ 14
極限円 ・・・・・・・・・・・・・・・・・・・・・ 51
極限球 ・・・・・・・・・・・・・・・93, 94, 95
極限平行 ・・・・・・・・・・・・・・・・・・17, 23
極線 ・・・・・・・・・・・・・・・・・・・・・・・ 14

こ
合同 ・・・・・・・・・・・・・・・・・・・・・・・ 45

さ
最短平行直線 ・・・・・・・・・・・・・・・・ 26

そ
双対命題 ・・・・・・・・・・・・・・・・・・・ 13

ち
直交線分 ・・・・・・・・・・・・・・・・・・・ 37

て
デザルグの定理 ・・・・・・・・・・・・・・・ 4

と
等距離曲線 ・・・・・・・・・・・・・・・・・・ 50

等距離超曲面 ・・・・・・・・・・・・・・・94, 95

は
パスカルの定理 ・・・・・・・・・・・ 2, 12, 57
パップスの定理 ・・・・・・・・・・・・・・・ 11

ひ
P 円 ・・・・・・・・・・・・・・・・・・・・・・・ 49
P 球 ・・・・・・・・・・・・・・・・・・・・94, 95
P 超平面 ・・・・・・・・・・・・・・・・・・・ 87
P 直線 ・・・・・・・・・・・・・・・・・・・・・ 17
P 点 ・・・・・・・・・・・・・・・・・・・・17, 87

ふ
ブリアンションの定理 ・・・・・・・・14, 68

へ
平行 ・・・・・・・・・・・・・・・・・・・・17, 23

ほ
ポアンカレ円盤 ・・・・・・・・・・・・・・・ 1
ポアンカレの円盤モデル ・・・・・・・・ 10
ポンスレーの双対原理 ・・・・・・・・14, 15
ポンスレーの閉形定理 ・・・・・・・・・・ 12

も
モンジュの定理 ・・・・・・・・・・・・・・・ 53

著者紹介

土橋　宏康（つちはし　ひろやす）
　　1953年　長野県茅野市に生れる
　　1976年　東北大学理学部数学科卒業
　　理学博士

2017 年 4 月 10 日　第 1 版発行

著者の了解に
により検印を省
略いたします

著　　者©土　橋　宏　康

発 行 者 内　田　　　学

印 刷 者 山　岡　景　仁

双曲平面上の幾何学

発行所　　株式会社　内田老鶴圃ほ〒112–0012 東京都文京区大塚3丁目34番3号

電話 03(3945)6781（代）・FAX 03(3945)6782

http://www.rokakuho.co.jp/

印刷・製本/三美印刷 K.K.

Published by UCHIDA ROKAKUHO PUBLISHING CO., LTD.
3–34–3 Otsuka, Bunkyo-ku, Tokyo, Japan

ISBN 978–4–7536–0200–1 C3041　　U. R. No. 634–1

数 学 関 連 書 籍

平面代数曲線のはなし
今野 一宏 著 A5・184 頁・本体 2600 円

代数方程式のはなし
今野 一宏 著 A5・156 頁・本体 2300 円

代数曲線束の地誌学
今野 一宏 著 A5・284 頁・本体 4800 円

リーマン面上のハーディ族
荷見 守助 著 A5・436 頁・本体 5300 円

微分積分 上
入江 昭二・垣田 高夫・杉山 昌平・宮寺 功 共著
A5・224 頁・本体 1700 円

微分積分 下
入江 昭二・垣田 高夫・杉山 昌平・宮寺 功 共著
A5・216 頁・本体 1700 円

複素関数論
入江 昭二・垣田 高夫 共著 A5・240 頁・本体 2700 円

常微分方程式
入江 昭二・垣田 高夫 共著 A5・216 頁・本体 2300 円

フーリエの方法
入江 昭二・垣田 高夫 共著 A5・112 頁・本体 1800 円

ルベーグ積分入門
洲之内 治男 著 A5・264 頁・本体 3000 円

理工系のための微分積分 I
鈴木 武・山田 義雄・柴田 良弘・田中 和永 共著
A5・260 頁・本体 2800 円

理工系のための微分積分 II
鈴木 武・山田 義雄・柴田 良弘・田中 和永 共著
A5・284 頁・本体 2800 円

理工系のための微分積分 問題と解説 I
鈴木 武・山田 義雄・柴田 良弘・田中 和永 共著
B5・104 頁・本体 1600 円

理工系のための微分積分 問題と解説 II
鈴木 武・山田 義雄・柴田 良弘・田中 和永 共著
B5・96 頁・本体 1600 円

線型代数の基礎
上野 喜三雄 著 A5・296 頁・本体 3200 円

明解 線形代数 行列の標準形，固有空間の理解に向けて
郡 敏昭 著 A5・176 頁・本体 2600 円

線型代数入門
荷見 守助・下村 勝孝 共著 A5・228 頁・本体 2200 円

微分積分学 改訂新編 第 1 巻
藤原 松三郎 著／浦川 肇・髙木 泉・藤原 毅夫 編著
A5・660 頁・本体 7500 円

数学解析第一編 微分積分學 第 1 巻
藤原 松三郎 著 A5・688 頁・本体 9000 円

数学解析第一編 微分積分學 第 2 巻
藤原 松三郎 著 A5・655 頁・本体 5800 円

代数學 第 1 巻
藤原 松三郎 著 A5・664 頁・本体 6000 円

代数學 第 2 巻
藤原 松三郎 著 A5・765 頁・本体 9000 円

ルベーグ積分論
柴田 良弘 著 A5・392 頁・本体 4700 円

計算力をつける微分積分
神永 正博・藤田 育嗣 著 A5・172 頁・本体 2000 円

計算力をつける微分積分 問題集
神永 正博・藤田 育嗣 著 A5・112 頁・本体 1200 円

計算力をつける微分方程式
藤田 育嗣・間田 潤 著 A5・144 頁・本体 2000 円

解析入門 微分積分の基礎を学ぶ
荷見 守助 編著／岡 裕和・榊原 暢久・中井 英一 著
A5・216 頁・本体 2100 円

複素解析の基礎 i のある微分積分学
堀内 利郎・下村 勝孝 共著 A5・256 頁・本体 3300 円

関数解析入門 バナッハ空間とヒルベルト空間
荷見 守助 著 A5・192 頁・本体 2500 円

関数解析の基礎 ∞次元の微積分
堀内 利郎・下村 勝孝 共著 A5・296 頁・本体 3800 円

確率概念の近傍 ベイズ統計学の基礎をなす確率概念
園 信太郎 著 A5・116 頁・本体 2500 円

統計学 データから現実をさぐる
池田 貞雄・松井 敬・冨田 幸弘・馬場 善久 共著
A5・304 頁・本体 2500 円

数理統計学 基礎から学ぶデータ解析
鈴木 武・山田 作太郎 著 A5・416 頁・本体 3800 円

統計入門 はじめての人のための
荷見 守助・三澤 進 共著 A5・200 頁・本体 1900 円

数理論理学 使い方と考え方：超準解析の入口まで
江田 勝哉 著 A5・168 頁・本体 2900 円

表示価格は税別の本体価格です．　　　　http://www.rokakuho.co.jp/